让知识成为每个人的力量

博弈论究竟是什么

GAME THEORY FOR GENERALISTS

万维钢/著

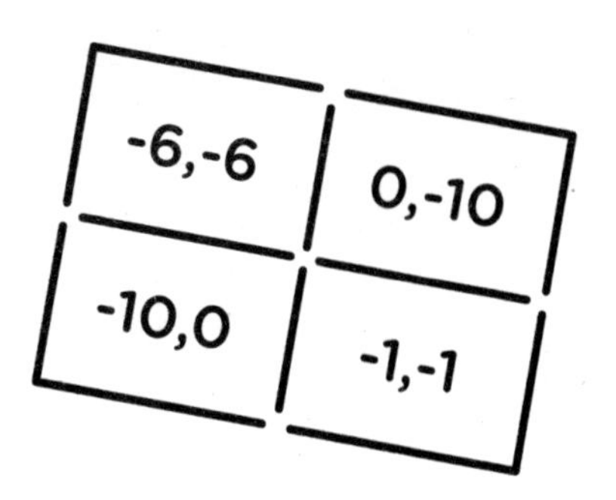

新 星 出 版 社　NEW STAR PRESS

与人奋斗，其乐无穷。

——毛泽东

总序　写给天下通才

感谢你拿起这本书，我希望你是一个通才。我对你有一个特别大的设想。

我设想，如果你不满足于仅仅靠某一项专业技能谋生，不想做个“工具人”；如果你想做一个对自己的命运有掌控力的、自由的人，一个博弈者，一个决策者；如果你想要对世界负点责任，要做一个给自己和别人拿主意的“士”，我希望能帮助你。

怎么成为这样的人？一般的建议是读古代经典。古代经典的本质是写给贵族的书，像中国的“六艺”、古罗马的“七艺”，说的都是自由技艺，都是塑造完整的人，不像现在标准化的教育都是为了训练“有用的人才”。经典是应该读，但是那远远不够。

今天的世界比经典时代要复杂得多，今天学者们的思想比古代经典要先进得多。现在我们有很成熟的信息和决策分析方法，古人连概率都不懂。博弈论都已经如此发达了，你不能还捧着一本《孙子兵法》就以为可以横扫一切权谋。我主张你读新书，学新思想。经典最厉害的时代，是它们还是新书的时代。

就现在我所知道的而言，我认为你至少应该拥有如下这些见识——

对我们这个世界的基本认识，科学家对宇宙和大自然的最新理解；

对“人”的基本认识，科学使用大脑，控制情绪；

社会是怎么运行的，个人与个人、利益集团与利益集团之间如何互动；

能理解复杂事物，而不仅仅是执行算法和走流程；

一定的抽象思维和逻辑运算能力；

掌握多个思维模型，遇到新旧难题都有办法；

一套高级的价值观……

等等等。你需要成为一个通才。普通人才不需要了解这些，埋头把自己的工作做好就行，但是你不想当普通人才。君子不器，劳心者治人，君子之道鲜矣，你得把头脑变复杂，你得什么都懂才好。你不能指望读一两本书就变成通才，你得读很多书，做很多事，有很多领悟才行。

我能帮助你的，是这一套小书。我是一个科学作家，在得到 App 写一个叫做《精英日课》的专栏，我们专栏专门追踪新思想。有时候我随时看到有意思的新书、有意思的思想就写几期课程，有时候我做大量调研，写成一个专题。这套书脱胎于专栏，内容经过了超过十万读者的淬炼，书中还有读者和我的问答互动。

我们打算每搞好一个专题就出一本，现在出的有“相对论”“博弈论”和“学习的新科学”三本。接下来还会有“概率论”“量子力学”“科学方法”“数学思维”等等，都在研发之中。

通才并不是对什么东西都略知一二的人，不是只知道各个门派的趣闻轶事的人，而是能综合运用各个门派的武功心法的人。这些书并不是某个学科知识的“简易读本”，我的目的不是让你简单知道，而是让你领会其中的门道。当然你作为非专业人士不可能去求解爱因斯坦引力场方程，但是你至少能领略到相对论的纯正的美，而不是卡通化、儿童化的东西。

这些书不是长篇小说，但我仍然希望你能因

为体会到其中某个思想、跟某一位英雄人物共鸣，而产生惊心动魄的感觉。

我们幸运地生活在科技和思想高度发达的现代世界，能轻易接触到第一流的智慧，我们拥有比古人好得多的学习条件。这一代的中国人应该出很多了不起的人物才对，如果你是其中一员，那是我最大的荣幸。

万维钢

2020年5月7日

目录

CONTENTS

CONTENTS

博弈论不是“三十六计”

任何一本讲博弈论的书都会先告诉你，博弈论有多重要。不过，我想我们应该先面对现实——博弈论是个奇怪的话题。

我们经常在各类媒体上看到“博弈”这个词，每个商学院都要给MBA开博弈论课程，甚至流行的讲博弈论的英文书几乎都有中文版，但是，人们很少真正使用博弈论。我们很少听到有人说，这件事根据博弈论应该怎么办。

并不仅仅在中国是这样。美国《快公司》

（*Fast Company*）杂志曾经有一篇文章[1]表示，虽然专家学者们整天谈论博弈论有极大的重要性，可是一项对企业家的调查显示，他们在过去五年内都未曾使用博弈论做出过商业决策。这个结果让博弈论爱好者火冒三丈，但是我们必须得承认，博弈论好像就是不太好用。

为什么会这样？以我之见，不是博弈论没用，而是人们对博弈论的用法有误解。要想知道博弈论有什么用以及应该如何用，我们先来思考一个显而易见、但是从来不被提起的问题——如果博弈论是讲谋略的，那像“三十六计”这样传统的计谋，跟博弈论是什么关系？博弈论是科学版的“三十六计”吗？

1 计谋和战略

传统中国文化给世界人民留下了中国是个武术之国的印象；而在我们中国人心目中，中国更是计谋之国。我们有《三国演义》《三十六计》和各种兵法，诸葛亮、吴用、刘伯温等军师的形象深入人心。但是不知你注意到没有，“计谋”好像都是民间在谈——它不是严肃的学术课题。

战略，好像很高大上。计谋，好像上不了台面。这是为什么呢？

因为计谋不值得被认真对待。

比如《三十六计》里的计谋——瞒天过海、声东击西、暗度陈仓、笑里藏刀、欲擒故纵、偷梁换柱、上屋抽梯、美人计、空城计、反间计等。这些“计”，本质上都是骗术——自己要做A，就让对手以为自己要做B；不希望对手做C，就吸引对手去做D。《三十六计》在很大程度上是一本阴谋诡计之书。

而诡计有三个问题，一个比一个严重。

首先，诡计都有巨大的风险。要想诡计成功，不但必须严密封锁信息，而且得假设对手是比较愚蠢的。

比如“空城计”。司马懿率大军兵临城下，诸葛亮手里没有兵，就故意在城头抚琴，做出一副胸有成竹的样子，让司马懿以为城内都是精兵强将，然后司马懿就真的被吓跑了。我们想想这可能吗？一方面，司马懿作为一名军事指挥官，带领一支军队去攻打一座城，难道事先对这座城的兵力部署没有丝毫了解吗？行军打仗至关重要的情报系统为何没有发挥作用呢？另一方面，城里这么多老百姓，诸葛亮就一点都不担心走漏消息吗？

真实历史中，诸葛亮并没有对司马懿使用过小说中的空城计。使用这个计谋风险太大了。诸葛亮不但要假设自己没兵的信息被完全封锁，还要假设司马懿知道自己是个谨慎的人，要假设司马懿不知道自己已经知道司马懿知道自己是个谨慎的人，要假设司马懿连骚扰试探一下都不敢就会带兵撤退。

诡计的第二个问题是不能长期使用。

骗人一次也许能够成功。比如有些卖假货的人为了应付检查，不会只卖假货，他们会混合真货和假货——这不就是“瞒天过海”吗？这个手段的确比生硬的欺骗高级，但仍然是欺骗，而欺骗是不能长久的。

虽然《三十六计》中有很多计谋不是骗术，比如围魏救赵、远交近攻、借刀杀人、趁火打劫，等等。但即便是这样的计谋，也像骗术一样有个更大的问题，即第三个问题——它们都是“零和”游戏。

零和的意思就是我要想赢你就得输，我想要得到什么你就得失去什么，我们的得失之和等于零。但在真实世界中，除了战争，很少会出现这样你死我活的局面。商业竞争也好，平时人和人相处也好，一般都不是零和游戏。两个集团要想长期共存，就必须找到一个能够双赢的方法，而不是互相使用计谋。

计谋的故事看多了容易产生幻觉。我们看各种演义故事，因为过分相信计谋的作用，感觉实力似乎都不重要了。我们动不动就要以弱胜强，要打“聪明仗”，好像以弱胜强是普遍情况、四两拨千斤是常规操作一样。

鲁迅先生评价《三国演义》“状诸葛之多智而近妖”。小说里的诸葛亮之所以那么算无遗策，是被作者塑造出的对手的愚蠢衬托出来的。计谋的本质，是一厢情愿。

古代中国也许是个计谋大国，但不是战略强

国。纵观历史，古代的中国对外战略大抵是失败的多，成功的少；被意识形态裹挟的多，头脑清醒的少。比如北宋和辽国因为澶渊之盟长期和平共处，在辽国已经几乎被汉化、成为大宋一个很好的屏障的局面下，看到金国崛起，大宋居然想对辽国“趁火打劫”，联金灭辽，结果金灭了辽国马上就开始攻打大宋。等北宋变成南宋，好不容易跟金国和平共处了一段时间，看到蒙古崛起，又对金国来了个“趁火打劫”，联蒙灭金。我相信大宋必定有不少明白人，但是一厢情愿的人显然更多，竟然让同样的错误犯了两次！

作为计谋大国，中国有很多想当“国师”的人。而用六神磊磊的话说，所谓“国师”，其实都是“师师”。[2]

计谋要是太多，愚蠢的人就不够用了。而博弈论研究的是理性人之间的博弈。

② 什么是理性

因为现在流行“行为经济学”，人们爱说人是非理性的，连一些学经济学的人都不敢理直气壮地说经济学假设人是理性的了。但是地道的经济学必须假设人是理性的，否则所有数学模型、包括供求关系之类的基本结论就都灰飞烟灭了。

人的确经常表现得不理性，但经济学的理性人假设并不算错。这是因为人在做熟悉的事情、重要的事情、涉及钱的事情的时候，通常是相当理性的。[3] 而这些事情恰恰是经济学、也是博弈论的研究对象。博弈论假设人是理性的，表现为三个要求。

第一，你得知道你想要什么，并且对你想要的东西有一个明确的排序。

第二，你的行动是在一定的规则之下，争取到你想要的东西。

第三，你知道对手也是这么想的，而且对手也知道这些规则。

这三个要求看似简单，但是我们不得不承认，有些人在有些时候真做不到。比如新闻报道过的“高铁霸座男”事件，霸占他人座位不肯起身的主人公是个博士，如果你问他是个人形象和声誉重要还是一个座位重要，他一定会认为形象和声誉重要，可是在高铁上那一刻，他的情绪战胜了理智。

人有时候会被某种情绪劫持，这种不理性的情况不是博弈论的研究内容。但如果一个人长期这么做事，其中可能就有理性的成分。

比如一个热门话题是老年人容易上当受骗，买一些不靠谱的保健品。那么这些老人都是非理性的吗？不一定。那些推销保健品的人卖的并不仅仅是保健品，同时也是一种情感服务，比如将老人认作自己的干爹干妈。老人未必不知道保健品没有用，但是他们可能认为反正吃保健品也没什么坏处，花点钱满足一下情感需求未尝不可。

再比如百度、莆田系医院、拼多多 App 中常有骗局和假货，为什么它们能长期存在呢？也许这就是当今中国的博弈格局所决定的，这个结果可能是各方的理性选择。

所以，如果一种现象长期存在，那就有可能是博弈论的研究内容——博弈论称之为“均衡”。

3 博弈论的用处

因为要求各方是充分理性的，有时候博弈论会得出一些非常奇怪的结论。

比如博弈论中有一道经典题目，你可能听说过。老师让全班同学各想一个数字，谁想的数字最接近全班平均值的 2/3，谁就获胜。如果我们假定所有同学都足够聪明，正确答案就应该是 0。这是因为不管你猜测全班人的平均值是多少，你都会把它乘以 2/3 ，而别人也能想到这一点，他们也会把你的数字再乘以 2/3……你们的每一步推理都会让这个平均值变得越来越小。但是事实上，无论哪所大学的学生都不会得出这么极端的答案来。

生活中绝大多数人不会聪明到那个程度，去进行这种极端的推理。那难道博弈论真的没用吗？博弈论的实际应用，并不是解答这种数学谜题。

博弈论能帮助我们理解长期存在的各种现象。如果你观察到社会上有很多不合理的现象，而这些现象还长期存在，博弈论就会帮助你考察现象背后的博弈规则。

当然，这绝对不是说可以理解的现象就应该长期存在。博弈论更重要的作用，是告诉我们如何改变不好的局面。

造成这些不好的局面的，可能是单次博弈，可能是信息不完全，可能是不可信的许诺。而现在博弈论已经能够提供各种像“惩罚”“聚焦点”“威胁和承诺”这样的工具，帮我们达成更好的局面。

人们用不上博弈论，是因为缺少识别博弈格局的眼光和改变博弈规则的意识。我希望你能拥有这种眼光和意识。

对个人来说，最基本的一点是你应该时刻提醒自己要理性。研究博弈论就像下棋，你要考虑自己的每个行动都是有后果的，要事先想好对方会有什么反应，然后你再怎么应对，然后对方再反应……一直到最后会是什么结果。

而我觉得一个更深层的意识是，你应该先做一个“player”。

player，在游戏中叫玩家，在体育比赛中叫选手，在博弈论中叫参与者——其实都是一个意思。博弈论的英文为 Game Theory，它说的都是 game（游戏）。有一点参与游戏的精神，你就有权在规则范围内采取对自己最有利的行动，你就是积极主动的，你就会平等对待对手——你就既不是一个浑浑噩噩整天根据别人设定做事的人，也不会有整个世界绕着自己转的幻觉。

Apple:

博弈就像“道”，像战略，普通人需要知道如何应用吗？还是停留在了解的层面上，知道这个世界的运行规律就可以了？

万维钢：

博弈论首先是“术”，有很多具体的操作方法，也就是“how”。现在更有一个叫做“应用博弈论”的子学科，专门研究各种复杂的具体操作。

但是普通人的确没有很多机会使用这些手段。就算是一个研究博弈论的经济学家，也未必经常使用博弈论。这是因为日常生活中人们做的大部分事情都是按部就班，该学习学习该工作工作，连正经决策的机会都很少，更不用说跟谁对抗了。有时候我们讲博弈论不得不用妻子和孩子举例，背后尴尬的事实是除了妻子孩子我们也摆弄不了别人……

从这个意义上讲，博弈论对普通人来说更多的是一个“道”，提供的是“why”。它能让我们理解真实的世界，不至于对看似不合理的现象悲观失望或愤世嫉俗。

跟其他学问一样，我认为博弈论的一个重大好处是能陶冶情操。你的气质会得到提升，你会是一个更清醒的人。当一般围观群众对身边的大事长吁短叹的时候，你能观察到其中的博弈格局。就算没有机会插手，你至少知道这件事儿的关节在哪里，你至少不会有不切实际的幻想。

博弈论还能让你更积极主动。博弈论的精神绝不是冷眼旁观，而是要做一个player！要敢于为了得到自己想要的东西而采取主动的行动。比如我看过的研究表示，女性之所以工资低，有一部分原因就是女性不像男性那样主动跟老板谈加薪。所以，学习博弈论的第一个应用就是要敢谈。当然，具体使用什么博弈手段去谈那是另一回事，甚至你可能还会用错了手段，你需要在实践中提高水平——但这没关系，敢谈是最关键的。

群鸦的盛宴

博弈论是关于人在社会中如何做理性决策的理论，而理性决策常常不是我们喜欢的决策。宋神宗有句话叫“快意事便做不得一件”，说的就是理性决策总是不得已的。在现有的规则之下，考虑到对手的反应，你通常没有太多选择。

面对世间种种无奈，文人总爱感慨人心不行或者文化不行。学习博弈论之后你就会发现，很多事情是这样并不是因为有人喜欢这样，这也不是思想品德的问题。现实是，哪怕所有人都不喜欢这个局面，所有人却都只能维护这个局面。

有时人们感觉自己仿佛身处无间地狱：每个人都在受苦，谁都没办法脱离苦海。只有博弈论能解释这样的现象。化用电影《无间道3》中陈道明（饰沈澄）说过的一句话“往往都是事情改变人，人改变不了事情”，意思就是“往往是博弈改变人”。

但我们学习博弈论的终极目的，就是要改变博弈。这一篇我们讲博弈论的三个基本概念：“帕累托最优”（Pareto Optimality）、“压倒性策略”（Dominant Strategy）和“纳什均衡”（Nash Equilibrium）。了解博弈，才能改变博弈。

1 为什么商家总扎堆

你是否注意到这样一个现象：同一类商家总爱聚集在一起，偏一点的地方什么都没有，热门地段却总有很多类似的店，一个十字路口竟然会有两家加油站。新闻媒体也是这样，一有什么重大事件或者热门电视剧，打开电视所有频道都是这个内容。

站在消费者的角度，我们希望买东西不用跑去热门地段，在偏一点的地方也可以买到。我们希望加油站更分散一点，让所有人都能就近使用。我们希望产品有更多的差异化。可为什么商家非得扎堆呢？

这并不是因为商家都盲从、只知道互相模仿，而是他们不得不这样。博弈论要求你必须考虑竞争对手会怎么做。

我们把问题简化一下。[1] 设想有一片比较长的海滩，你要在海滩上摆摊卖冰激凌。把摊摆在哪里最合适呢？

如果整片海滩只有你这一个冰激凌摊，那你摆在哪里都可以。但是考虑到将来可能会出现竞争对手，你就应该把冰激凌摊摆在中间。这是因为如果你摆的位置偏右或偏左，对手来了只要往中间区域一摆，他辐射的势力范围就绝对大于你。

比如如果你的位置 S_1 在 k，竞争对手在 -k 和 k 之间任选一点 S_2 摆摊，生意都会比你好。（如图 1）

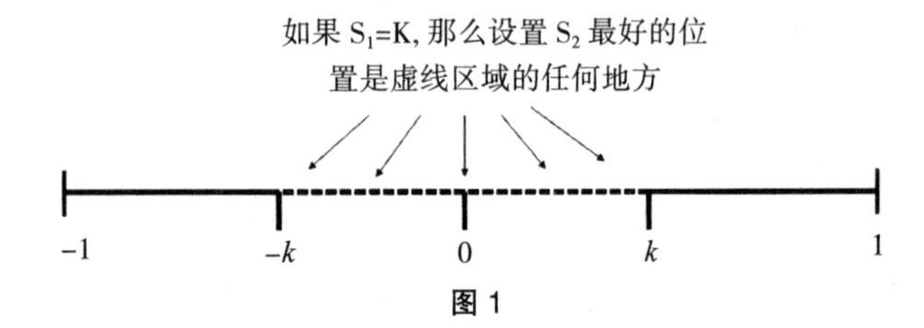

图 1

现在假设作为先来者的你已经把摊位摆在了中间，那么新来的竞争者应该把冰激凌摊摆哪儿呢？如果他靠右摆，的确能够独占从摊位往右的市场，但也等同于把从你俩中间开始算，往左超过一半的海滩都拱手让给你了。所以，他也只能把摊位放在中间，只有这样才能跟你平等竞争。

这就是商家要扎堆的原因。可是如果两家事先商量好分散开，在海滩上 1/4 和 3/4 这两个位置分别摆摊，这样一来，两家不仅能平等赚钱，还能确保消费者买冰激凌的走动距离最短。多好呀！（如图 2）

图 2

这样的改进可以称得上是“帕累托改进”。帕累托是一位意大利经济学家，帕累托改进的意思是这个改进能在不伤害任何一个人利益的同时，使至少一个人的境遇变得更好。如果一个局面已经好到没有帕累托改进的余地了，这个局面就叫帕累托最优。

一个理想的、令人快意的世界应该是帕累托最优的。扎堆显然不是帕累托最优，分散才是帕累托最优。为什么博弈的结果不是帕累托最优的呢？

因为在这场博弈中，帕累托最优是个不稳定的局面。就算一开始两个摊主商量好了分散摆摊，将来也会有一方偷偷转移到中间去。他这么做不是帕累托改进，会伤害对手和消费者的利益——但是这么做对他自己很有利。

理想青年喜欢帕累托最优，但是博弈论告诉我们，只有稳定的局面才能长久存在。

2 囚徒困境

你可能已经非常熟悉“囚徒困境”的故事了，

但是从这个故事中能得出特别重要的概念，值得我们再重新看一遍。

有两个小偷被警察抓住了，但是警察手里并没有过硬的证据，只能指望口供。警察开出的条件是，如果两个人都招供，就都判刑 3 年；如果有一个人招供，另一个人不招供，那么招供的人就算立功，可以无罪释放，而不招供的人就要被严惩，判刑 5 年；如果两个人都不招供，因为证据有限，两个人都判刑 1 年。警察进行单独审讯，不准两人通气。

我们将正义和邪恶的观念放在一边，先用博弈策略帮这两个囚徒分析一下目前的处境。首先我们要把不同策略和结果画在下面这张矩阵图中。这种画法是美国经济学家托马斯 · 谢林（Thomas Schelling）发明的，谢林曾经开玩笑说发明矩阵图是他对博弈论所做的最大贡献。（如图 3）

	囚徒 2 招供	囚徒 2 不招供
囚徒 1 招供	–3，–3	0，–5
囚徒 1 不招供	–5，0	–1，–1

图 3

矩阵图向我们展示了两个囚徒采取的策略以及各种策略组合带给两个人的回报。你一眼就能看出来，最好的结果是两个人都不招供，然后都被判1年。

但是博弈论要求我们每次做判断都要考虑对方——不是考虑怎么对对方好，而是考虑对方会怎么做，然后你应该怎么应对。对囚徒1来说，如果对方招供了，他就只能招供，因为不招供会被判刑5年，招供则被判刑3年。可是如果对方不招供，他还是应该招供——他招供就是立功，可以被无罪释放。也就是说，不管对方是招供还是不招供，囚徒1最好的策略都是招供。

这就引出了我们要说的第二个概念——压倒性策略，这个策略压倒其他一切策略，不管对手怎么做，这个策略对你来说都是最好的。

反过来说，不招供，对囚徒1来说则是一个“被压倒性策略”（Dominated Strategy）——不管别人怎么做，你这么做对你都是不好的。

作为理性的人，如果博弈中有压倒性策略，就一定要选它。任何情况下都不要选择被压倒性策略。

囚徒 1 的压倒性策略是招供，囚徒 2 当然也是如此。结果就是两个人都被判刑 3 年。这个结果可不是帕累托最优，但这个结果是稳定的，具体表现在任何一方都绝对不会单方面改变策略。这又引出了我们要说的最重要的概念——纳什均衡。

纳什就是电影《美丽心灵》（*A Beautiful Mind*）男主角的原型——数学家约翰·纳什（John Nash）。纳什均衡指的是这样一种局面：**在这个策略组合里，没有任何一方愿意单方面改变自己的策略。**

换句话说就是不管我们喜不喜欢，这个局面我们认了。关键词是“单方面”——如果我们都不招供会更好，可是要变必须得一起变，我自己不可能先变。因为人人都不愿意先变，这个局面就变不了。前文的扎堆摆摊就是一个纳什均衡。

诺贝尔经济学奖得主罗杰·梅尔森（Roger Myerson）表示，纳什均衡对经济学的意义，就如同发现 DNA 双螺旋结构对生物学的意义那么重大！我认为梅尔森之所以这么说，是因为纳什均衡给了我们一个观察世界的眼光。

如果一种现象能够在社会中长期稳定地存在，它对参与的各方来说就一定是个纳什均衡。纳什均衡告诉我们评价一个局面不能只看它是不是对整体最好，它必须得让每个参与者都不愿意单方面改变才行。

理想青年喜欢帕累托最优，理性青年寻找纳什均衡。

比如你要与人签订协议，如果你希望这个协议能被各方遵守，那它就必须得是一个纳什均衡。一个制度哪怕再好，如果不是纳什均衡就不会被遵守。一个制度哪怕再不好，如果是纳什均衡就会长久存在。

3 秦朝人的游戏

《权力的游戏》（*Game of Thrones*）这部电视剧使我想起了托马斯·霍布斯（Thomas Hobbes）的《利维坦》（*Leviathan*）。铁王座上一旦没了强力人物，维斯特洛大陆就陷入了“一切人对一切人的战争”。现实中不也是这样吗？伊拉克和叙利亚由独裁者统治还好，没了独裁者的高压统治各方势力立即开始互相残杀，老百姓进入想做奴隶而不得的时代。

《利维坦》中的“战争”和“高压统治”这两个局面，都是纳什均衡。

现在很多爱好自由的人向往中国古代的战国时期，那时候百家争鸣、人人争先。可是战国时期的人并不喜欢战国，因为那其实是一个互相残杀的时代。

我们想想当时的博弈局面。如果你的邻国都在厉兵秣马，难道你真能像孟子说的那样用王道去感化别人吗？你的压倒性策略也是备战。甚至有时候你还应该先下手为强，主动发起战争。你单方面改变策略是不可行的，这是纳什均衡。

战国时期互相残杀局面的终结不是靠谁改变策略，而是靠秦国把策略用到极致——用最高水平的暴力完成的。秦国实现大一统后，游戏规则就变了，专制强权的策略是臣服于我的都可以安居乐业，反对我的则会遭到坚决打击。

这时，被统治者就面临一种多人的囚徒困境，也叫“人质困境”[2]——如果大家联合起来就一定能推翻统治者，但问题是由谁带头呢？强权会枪打出头鸟，谁带头谁先死。没有人愿意单方面采取行动，这又是一个纳什均衡。

我们现在回想，秦朝后来之所以失败，可能不是因为法律太严苛，而是因为对自己的统治力过分乐观。博弈论告诉我们专制强权的主要威胁来自内部，可是秦朝把军队主力都部署到了外面，来不及打击内部的起义军。后世的统治者显然吸取了秦的教训，武装力量重点都是对内的。

理想青年一边赞美百家争鸣一边感叹背叛和杀戮，而理性的你知道此局无关文明与民主，只是一场权力的游戏。

不知道这一篇会不会让你感到有点悲观，因为帕累托最优常常不是纳什均衡。那既然有囚徒困境这样的局面存在，是不是就非得有个强权来解决问题呢？不一定。

再拿商家扎堆、媒体扎堆现象来说，以前主流媒体的内容的确同质化严重，但是后来有了互联网，我们就能看到各种满足细分需求的自媒体。这就相当于有人愿意在海滩的边缘摆摊。这是为什么呢？因为市场的门槛变低了，小成本也可以经营，没有必要抢主流市场——游戏改变了。

如果你想更系统地学习博弈论，张维迎的《博弈与社会》是本很好的教材，他对在市场中自发协调破解博弈论困境非常乐观。

问答

伴读半知：

阿维纳什·K. 迪克西特 (Avinash K.Dixit) 另一本著作《策略博弈》(*Games of Strategy*) 也值得推荐。这本书和其他博弈论的书有很大不同，此书关注点在如何运用和讲解实际事件中的博弈。但是很难读懂，特别是里面的习题很难，万老师，面对这类教材类书籍，有什么解读高招?

万维钢:

博弈论的教材比博弈论通俗读物的难度要大很多，但这主要是体现在数学，而不是体现在思想上。比如教科书里的博弈论例子和习题会包括繁杂的策略矩阵，学生得能从中发现压倒性策略、被压倒性策略，找到所有的纳什均衡和帕累托最优策略组合。再比如严格地说，对重复博弈，要精确计算未来的收益情况，才能对合作还是背叛采取准确的判断。科学决策要求量化。

不过在我看来，那种数学并不是更抽象更高级，只是繁杂而已。求解了一道博弈论数学题，你要是站在高处再问一句，这道题到底说明了什么道理呢?其实结果还是通俗读物里说的那些思想。

所以千万不要被教材里那些数学吓到，更不要被那些数学迷住眼睛。在物理学和金融这些学科里，有很多思想必须用数学才能说明白，但我感觉博弈论不是这样的。数学只是博弈论的辅助工具，博弈论的思想并不体现在数学中。学习博弈论，宁可有思想没数学，也不要有数学没思想。从实用角度，把精力用来多琢磨几个具体的应用案例可能更有价值。爱因斯坦说："我想知道上帝是如何创造这个世界的。对于这个或那个现象、这个或那个元素的谱，我不感兴趣。我想知道的是他的思想。其他都是细节问题。"

真贾基：

纳什均衡是否是所有人都采取了自己的压倒性策略的情况？

万维钢：

如果所有人都采取压倒性策略，结果将是一个纳什均衡。但纳什均衡并不一定要求所有人都采取压倒性策略。所谓压倒性策略，是不管别人怎么做，我都这么做——并不是每个博弈里都有压倒性策略。很多情况下你的策略只能根据对手的策略变化。

纳什均衡的意思是说，如果各方选择了这么一组策略组合，那么各方将会被“锁定”在这里——没有任何一方会愿意单方面改变自己的策略。在纳什均衡中，我选择这个策略，是因为给定其他人的策略，这个策略对我来说是最好的——但这个策略并不一定是任何情况下都对我最好的那个压倒性策略。有时候一个博弈中会有好几个纳什均衡。

victor、Kris. J:

面对高考的压力，每个家长都不遗余力地给自己的孩子补各种课，唯恐输在起跑线上，这也是纳什均衡吗？父母不愿自己的孩子从小就失去快乐的童年，却不得不厉兵秣马让孩子学习更多的技能。如何破解这种局面？

万维钢:

补课这件事的确是个纳什均衡，而且还是个多人囚徒困境。

如果所有学生都在有限的时间内学习，保证每天有一定的玩耍和休息时间，大学录取的名额也还是这么多。现在人人都在复习备考上花费更多时间，大学的名额并没有增加，所以这个局面绝非帕累托最优。可是另一方面，如果别人都在复习，你自己不复习就会吃亏，你不可能单方面改变这个局面。

对于高考军备竞赛这个博弈来说，可能有效的办法大约有三个。

第一个办法是协调，也就是签订停火协议。这个办法不是很成功。

比如中国教育部近年进行的教育改革，要求公立学校到点必须放学，同时还降低了教学难度，号称要减负。可是高考本质上是个零和博弈，最终不还是要竞争吗？难道让高考也像小升初一样实行就近入学吗？正规学校减负，就等于逼着家长给孩子报课外辅导班。

韩国的高考大概是全世界最公平的，只看分数，没有任何照顾条件，也没有地区分数线。韩国的公立学校不进行减负，韩国的高中生还是要每天晚上上补习班。我听说韩国政府规定课后补习班必须在晚上十点之前结束，还实施了有奖举报。有的热心市民会像抓特务一样盯着各个补习班，看看是不是到点就放学。

但是这些办法都架不住孩子回家之后自己还要学习。我听说过的唯一一个可能有效的措施是非常极端的：美国某个大学的某个班，一次期末考试之前，同学们约定大家都不要过度学习。但他们有个监督办法——几个同学组成巡逻队，去挨个监督其他同学，不许复习。

第二个办法是改变博弈规则。

美国名校录取，并不只看考试成绩，还要考查学生平时的表现，特别是课外活动方面的表现。这就使得死读书、只钻研考试的意义不大了，逼着人进行素质教育。但这个方法的弊端是它对家庭条件好的学生最有利。美国大学还会对黑人等少数族裔降分优先录取，这个规定的弊端是它有失公平。但不论如何，有些人群就是有能量有办法促成对自己有利的规则。

第三个办法是改变博弈的报偿。

人们愿意为了考大学而花费时间和金钱去上补习班，那是因为这么做是值得的——大学，特别是名校的学历很值钱。但是如果社会更加多元化，给年轻人提供各种机会，比如职业教育、文艺、体育、创业等，人们发现不需要上大学也能过上很好的生活，那么自然就不会有这么多人受罪了。还有提供终身学习服务的平台，比如得到App，在一个终身学习的社会，大学还会有那么重要吗？

以和为贵

博弈论研究的一般都是“非合作博弈”，参与者并不是心往一处想劲往一处使齐心合力办大事，每个人想的都是怎么让自己赢。因此有些人可能会对博弈论产生误解——博弈论是不是研究怎么自私自利勾心斗角，这算不算搞破坏呢？不是。因为博弈论的出发点虽然是非合作的，结果却可以达成合作。

这也是经济学的光荣传统。从亚当·斯密（Adam Smith）开始，人们就已经知道哪怕每个人都是自私的，各人为了自己的利益工作，全社会却能达成高水平合作。

那么囚徒困境、信息不对称、市场失灵这些现象，是不是说明“看不见的手”不管用了，必须让“看得见的手”来强制人们达成合作呢？

这些恰恰是博弈论的课题。任何一门社会科学的终极目的都应该是要促进社会合作。合作对所有人都有好处，不合作只可能带来暂时的利益。但是博弈论研究的合作可不是要进行“思想道德教育”，去劝人行善，也不是让一个强权去管制人民，而是寻求能让人自愿合作的机制。

好的合作，一定是个纳什均衡。

纳什均衡是一个美丽的概念。它能解释很多很多现象，能让我们迅速破解各种博弈局面，更能给我们设计博弈机制提供约束条件。上一篇中我们把纳什均衡讲得比较黑暗，这一篇我们说点正能量——其实在很多博弈中，人们原本就想合作。

1 聚焦点

你觉得世界上最完美的法律是什么？我认为是交通法规，比如“右侧通行”。首先，它是最平等的——有钱没钱有权没权都要走路，走路就需要右侧通行。其次，更好的方面是，每个人都会自觉遵守右侧通行——现在每个人都右侧通行，如果你非要左侧通行，你就会撞车，会立即伤害到自己。

所以，只要马路上有相向而行的车辆，只要这个地方的法律规定了右侧通行，右侧通行就一定是个纳什均衡，没有人愿意单方面违反这条规定。

但是右侧通行的规定可不是通过什么第一性原理推导出来的，没有生理学或物理学定律说人就应该靠右侧通行，这只是个任意的规定。英国人靠左侧通行，也没有因此身体不适。左侧通行也是一个纳什均衡。有些博弈中会存在多个纳什均衡。

那么，如果一个博弈中有多个纳什均衡，人们应该如何选择呢？前文提过的那位发明了矩阵图的美国经济学家托马斯·谢林，在 1960 年出版的理论著作《冲突的战略》(*The Strategy of Conflict*)中，提出了“可以根据约定俗成选择”的观点。

谢林提到的一个经典例子是这样的。假设我们约定明天要在纽约市见面，可是既没说时间也没说地点，我们怎样才能如约见面呢？谢林的答案是：考虑那些就算事先不说，人们也能想到的选项——一天之中最常用的时间是中午12点，纽约市最常用的地标是中央地铁站，所以最好的选择，是中午12点在中央地铁站碰面。

这样的选项，谢林称之为“聚焦点”(focal point)。聚焦点就是在众多可能的纳什均衡中最显眼的那一个，人们会自动在这一点上达成合作。聚焦点的作用是协调。

一般情况下，博弈论老师讲到聚焦点，都会让学生当场做个实验。比如让两名学生从“7、39、481、1342”这四个数字中各自挑选一个，如果两人选的数字一样，就能获得奖励。应该选哪个呢？

当然是选7。因为7是这四个数字中最常见的一个，而且还排在第一位。从纯数学的角度来说，虽然每个数字都是平等的，选哪个都可以是纳什均衡，但是人总有些约定俗成的偏好，这就是聚焦点。

2 生活中的聚焦点

经得起实践考验的概念总是这样：一旦说破了，你有了这个眼光，就会发现它随处可见。

有些聚焦点是设计出来的。比如科技产品的“标准”这一聚焦点，就是设计出来的。很多公司要卖 DVD 光盘，很多厂家在生产 DVD 影碟机，对所有参与者最有利的局面，是给光盘和影碟机设置一个统一的标准，让所有影碟机都能放所有的光盘。这个标准具体是什么其实并不那么重要，重要的是必须得有标准。

有些聚焦点属于历史路径依赖。比如度量衡，历史上用公制现在就用公制，历史上用英制现在就用英制，很难说哪个系统更科学。再比如键盘，可能“QWERTY……”并不是最科学的布局，但是既然已经成了标准，而且没有特别不方便，我们干脆就继续用下去了。

有了聚焦点思维，我们就应该在没有聚焦点的时候主动提出一个聚焦点，促成合作。

你可以先下手为强。如果 DVD 是你所在的公司发明的，那你就应该建议直接定义 DVD 的标准，让别家公司追随你们。

如果人人都想制订标准，让政府出面也不算是对人民的压迫。

比如我认为，政府对公路上车辆行驶速度的限制，其实就相当于提供了一个聚焦点。因为开车并不是越慢越安全，如果所有人都开得很快，那么开得慢的就是安全隐患，反之亦然。只要大家都用同样的速度开，每个速度都是纳什均衡。那到底用哪个速度呢？限速牌就提供了聚焦点。假设政府规定某一路段限速 100km/h，司机对此的理解不是速度最高为 100km/h，而是建议 100km/h。最终所有人的车速就在 90km/h 至 110km/h 之间，合作达成。

聚焦点的最大价值就是它的存在本身。比如明天公司要开一个重要会议，那几点钟开呢？几点都行，关键是得先有个确定的时间点，让大家协调。像每周的例会，就应该在固定时间、固定地点进行。

由此说来，传统文化和社会习俗其实也是作为聚焦点起到了协调合作的作用。中国人讲究老人要坐在主座，西方讲求女士优先，其实这些规范具体是什么没有那么重要，重要的是需要有个规范，有了规范就能省下一大堆麻烦。

聚焦点能发挥这么大的作用，还得有一个关键的前提，那就是各方没有根本的利益冲突。我们都希望能促成这次合作，我们需要解决的只是在哪里合作的问题。遇到这样的博弈局面，一定要善于使用聚焦点。

3 谈判中的聚焦点

假如你是一家公司的董事长，你们公司要聘请一位 CEO。CEO 并不是一种标准化的商品，每家公司每个人的情况都不一样，年薪只能一事一议，谈判解决。

公司无法科学计算一个 CEO 值多少钱，而且你们打算聘请的 CEO 本人也不知道该要多少钱。那么将 CEO 的年薪定为 800 万元还是 1200 万元，好像对双方来说差别都不是很大。虽然谈判目标有很大的任意性，但是公司和 CEO 本人都希望达成合作。这是典型的需要聚焦点的博弈。

这时，你就可以告诉你们打算聘请的 CEO，一家跟你们相似的公司的 CEO 年薪是多少，你还可以援引市场上相似公司 CEO 的平均年薪，并表示："我们在这个基础上，将薪资再提高一点，你看是否可以接受？"这样的聚焦点很容易让双方达成一致。

亲戚分割遗产、夫妻分割财产，约定俗成的办法是将有争议的部分平均分配。其实平均分配在很多情况下没有道理，但是社会约定俗成认为平分是最公平的，这就是聚焦点效应。

二手房和二手车交易也是这样，房屋装修和车辆细节等具体情况对成交价格影响很小，人们都是上网查一查"指导价"是多少。网上价格相对于具体情况具有压倒性的优势，这也是聚焦点效应。

想要合作的人们需要聚焦点，只要你能找到借口，任何借口都可以是聚焦点。所以如果你能在谈判中引用一个案例，说："最近公司 A 跟公司 B 谈出来的就是这个条件，你看咱们是不是也这么办？"这就是一个强有力的说法。当然对方也可能会找别的借口。但是归根结底，我们知道这些借口其实都是说辞，借口可以发挥很大作用的根本原因是大家本来就想促成这次合作。

事实上，即便有一定的利益冲突，只要合作的愿望大于冲突，我们还是可以使用聚焦点。下面再来看一个特别高级的分析。

4 实在不行……抽签吧

你和妻子打算晚上去看场电影。你想看《流浪地球》，但你妻子是韩寒的粉丝，她想看《飞驰人生》。这个博弈格局是你俩虽然存异，但是求同，你们都要求一起去看电影，是共识大于分歧。

充分认识到这个局面，你的第一个办法就是先下手为强，把《流浪地球》的票买了再说。对你妻子来说自己一个人去看《飞驰人生》还不如跟你一起看《流浪地球》，所以她只能同意。

如果谈判的时候你还没买电影票，你还可以率先宣布坚决不看《飞驰人生》。不过从博弈论的角度看，你这个威胁其实是不可信的，因为你也想一起看——关于威胁的可信性这个问题我们后文再谈。你的妻子可能早就看透你了，而且你要是敢不谈判就买票，她下次可能会剥夺你买票的权利。

博弈论专家[1]为面对这种情况的人提供了两个办法。

一个办法是轮流。这次听她的，下次听你的。但是如果这样的博弈不常发生，那就使用另一个办法——抽签吧。

总而言之，如果各方都有强烈的合作愿望，而博弈存在多个纳什均衡，我们要做的就是找到聚焦点。聚焦点可以是生活习惯，可以是历史传承，可以是先下手为强，可以是政府指导，也可以是随便找到的什么借口，实在不行还可以抽签。

这个道理如此简单，但它可是直到 1960 年才被提出来的。

当然现实生活中很多情况下并没有这么多正能量，人们会有强烈的利益冲突。我们后面慢慢介绍。

问答

纯洁的憎恶、板牙老爹：

聚焦点与锚定效应有什么区别？

万维钢：

锚定效应是行为经济学里爱说的一个“非理性”效应，它的作用机制是通过某种心理暗示左右人的行为。

比如丹·艾瑞里（Dan Ariely）在《怪诞行为学》（*Predictably Irrational*）这本书里讲过这么一个实验。让受试者先回忆自己的出生日期，然后评估一瓶红酒值多少钱。实验的结果是那些出生日期数字比较大的同学，给红酒的估价也比较高。其实一个人的生日跟红酒价格没有关系，但是因为他受到了数字的暗示，就愿意估个大数。

还有一个例子是让受试者通过做填空题思考一些跟老年人生活相关的词汇，结果受试者就会被暗示自己变老了——他们出门以后，走路的速度都变慢了。

我对这种研究有两个评论。第一，这些研究都可能有问题。《怪诞行为学》中的很多实验，包括出生日期暗示红酒价格的实验，后来被人证明是不可重复的。第二，就算这个效应的确存在，它也只是人们面对不熟悉情况时的一个仓促表现，这样的招儿只能用一次。一旦人们熟悉了这个场景，他们就会知道那瓶红酒本来是多少钱。

而聚焦点是在双方都有强烈合作愿望的情况下，促成合作的一个方便方法。在谈判中提出聚焦点跟使用锚定效应有点像，毕竟是先下手为强，如果你一开始就说一个大数，对方讨价还价也只能从这个大数开始谈，结果会对你很有利。

但是，提出聚焦点的最重要目的是促成合作，而不是占便宜，这是它跟锚定效应的根本区别。关键在于你们的关系是长期的、可重复的，还是临时的、一次性的。锚定效应一方面很可能不起作用，另一方面，就算它偶尔奏效，那下次怎么办?

聚焦点是双方越熟悉套路越容易达成合作。锚定效应是对方越不熟悉业务越可能有效。

不纵容，但要宽容

囚徒困境在生活中十分常见。凡是合作则两利、背叛则两伤的情况，都可能是囚徒困境。合作对双方都有好处，我们是好人，我们总是希望合作。但是博弈论告诉我们，有时候背叛是理性的。如果一方选合作一方选背叛，选择背叛的那一方可能会获得最大的利益，选择合作的那一方会受到最大的伤害。

接下来的几篇，我们专门研究合作与背叛。

要想防止背叛，最直接的办法就是把单次博弈变成重复博弈。

为什么旅游景点的饭菜大多质次价高？因为那是单次博弈。你不会再来第二次，他就在这一次能骗多少是多少。而像麦当劳这样的连锁店，哪怕是开在旅游景点，也会保证质量，因为它要为整个品牌的声誉负责。很多商家说我们要做 100 年，有些商店实行会员制，这些都是重复博弈。

重复博弈之所以有效，是因为背叛者会受到惩罚。最直接的惩罚就是下次我也背叛你，让你得不到合作的好处。这一篇我们专门说说惩罚。

1 美国往事

以前有些阴谋论者认为世界是被某些秘密组织控制的，比如“罗斯柴尔德家族”“骷髅会”“共济会”……这些其实都是无稽之谈。并不是说没有人想秘密控制世界，而是这个世界实在太大也太复杂，根本就控制不了，更不用说用秘密的方法控制。

但是，美国历史上曾经有过一个非常成功的秘密组织。[1]它的成员不但有钱，而且每个人都对组织无比忠诚。组织成员视彼此为亲人，有生意通常只跟内部的人做，对外甚至根本不透露组织的存在。这个组织19世纪90年代诞生于纽约，20世纪20年代就把势力范围扩大到了全美国，而美国社会一直到20世纪40年代才知道它的存在。

这个组织就是美国的黑手党。

博弈论专家大卫·麦克亚当斯（David McAdams）在《博弈思考法》（*Game-Changer*）[2]这本书中说，一群人要想合作，至少要满足以下两个条件中的一个：第一，合作对自己有好处，人们本来就想合作；第二，不合作会受到惩罚。

而美国黑手党，同时满足以上两个条件。黑手党给好处，黑手党有纪律。最关键的一条纪律就是谁敢出卖组织，他就会被杀死，而且黑手党会派他的亲友去杀他。

如果背叛会受到惩罚，就不是囚徒困境了。博弈论认为有效的惩罚必须要满足几个条件。首先，能发现背叛行为；其次，惩罚必须是可信的，对方知道一旦背叛就一定会受到惩罚；最后，惩罚的力度是足够的。

先看两个不符合有效惩罚的例子。

世界贸易组织（简称世贸组织）就不是一个善于惩罚的组织。如果哪个成员国没有履行义务，世贸组织可能会发起一个调查。而这个调查会历时几个月，甚至几年。就算最终调查形成了对未履行义务的成员国进行惩罚的结论，也不一定能被执行。那么加入世贸组织之后，最佳策略是合作还是不合作呢？

影视作品中双方进行毒品交易时，一方拿出一箱毒品，一方拿出一箱钱，本来是个公平交易，为什么说着说着就突然开始火并了呢？这是因为背叛的好处大大超过了惩罚的力度——双方没有组织关系，所谓惩罚无非就是下次不与你做生意，可是这笔交易的数额实在太大，火并之后赢的一方就可以退休了。为了避免这样的情况，应该把每次交易的额度降低，让对方认为背叛不值得。

而在美国黑手党中，有效惩罚就发挥了极大的作用。一直到 1963 年之前，居然都没有一个人敢于在法庭上承认黑手党这个组织的存在。1970 年美国国会通过保护黑社会污点证人的法案，依然没有出现多少指证黑手党犯罪行为的人。一直到 1991 年，因为黑手党内部矛盾爆发，一位重量级人物反水，美国反黑才取得了重大突破。

胡萝卜加大棒，有好处有惩罚，这样的合作关系是非常稳定的。

2 稳定与脆弱

但是一般组织可没有黑手党那么稳定。列宁曾说“堡垒最容易从内部攻破”，我们看看这句话在博弈论中怎么用。

有时候几家企业会在市场上联合起来，组成叫做“卡特尔”（Cartel）的垄断组织，控制某种产品的产量和价格。这种行为虽然不被政府允许，但是政府很难找到证据证明这些企业存在此类行为。1993 年，美国司法部推出一项政策，保证给第一个承认自己参与了卡特尔的企业免除一切罪责。这个政策收到了奇效，很多企业站出来举报同伙。

同样是面对举报免责的条件，为什么黑手党就那么稳定，卡特尔就这么脆弱呢？一个原因是卡特尔对内部成员没有特别强有力的惩罚措施，另一个原因可能跟黑手党本身的特殊性有关。美国黑手党的成员主要是意大利移民，他们特别强调用家庭和亲缘关系增加互信，而一般的组织没有这样的凝聚力。

利益和惩罚只是用作约束的硬条件。如果内部没有起码的信任，合作就是脆弱的。

面对这样的情况，我们可以学习一点物理学家的思维。物理学家从来都不会只考察一个情景的可实现性，还要考虑它的稳定性。比如牛顿不仅能算出地球怎样绕着太阳转，他曾经还非常担心地球公转轨道的稳定性——如果有个微小的扰动，比如被一个小行星撞击一下，地球会不会就脱轨了呢？后来数学家拉普拉斯证明了行星轨道是稳定的，大家才算放心。

再比如爱因斯坦给广义相对论的场方程增加了一个宇宙学常数，的确得到了一个宇宙的静态解。

但是马上就有数学家证明，这个静态解是不稳定的，只要有点扰动宇宙就会坍缩或者膨胀，人们意识到宇宙不可能是静态的。

博弈论里也有这样的思维。我们在前面提过，很多帕累托最优的局面是不稳定的，所以不可能长久存在。纳什均衡之所以如此重要，就是因为它是一个稳定的局面。

那么，在重复博弈中，怎样的机制才是稳定的呢？

3 以牙还牙真的好吗

20 世纪 80 年代，密歇根大学的政治学家罗伯特 · 阿克塞尔罗德（Robert Axelrod）组织了一次博弈竞赛。博弈的内容就是囚徒困境，参赛者要设计计算机策略，决定什么情况下合作、什么情况下背叛。各路学者提交了不同的策略算法，大家两两轮流博弈，看最后谁的收益最大。

出乎意料的是，最后胜出的是一个非常简单的策略，英文叫“Tit for Tat”，一般翻译成“以牙还牙”。这个策略是：

（1）不管跟谁博弈，第一轮我都选择合作；

（2）第一轮过后，我就复制对手上一轮的做法。

你上一轮要是跟我合作，我下一轮也跟你合作。你要是背叛了我，我下一轮也背叛你。如果你在哪一轮又选择合作了，那我还继续和你合作。我合作、我报复、我原谅，都只是模仿你上一轮的动作。

这其实就是“黄铜法则”——别人怎么对我，我就怎么对别人。用中国话说，就是“人不犯我，我不犯人；人若犯我，我必犯人”。

阿克塞尔罗德觉得这也太简单了，肯定有其他能战胜以牙还牙的办法！于是他又组织了第二次竞赛，更多的博弈论专家参与进来，出现了更复杂的算法，可最后胜出的还是以牙还牙。我们仔细分析一下以牙还牙这个策略，有意思的一点在于它和任何一个对手博弈的时候，最多情况下是打成平手的，只会让从始至终选择背叛的对手比它多占一轮的便宜。可就是这样，最后算总账的时候，它的收益会超过其他人——因为它既不当冤大头，也不作死。这是一个保守的策略，就好像是个以直报怨的老实人。但是最后老实人胜出了！这是一个多么令人高兴的发现。

以牙还牙，简单、粗暴、有效。

后来阿克塞尔罗德写了一本书——《合作的进化》(*The Evolution of Cooperation*)，现在已经是名著了。人们从这本书中看到了人类文明的希望，我们终究将会走向合作。

但是你可能不知道的是，以牙还牙其实是一个脆弱的策略。[3] 这个策略对错误很不友好。

计算机模拟总是精确的，但真人博弈可能会操作失误。比如我们设想有 A 和 B 两个人都是按照以牙还牙的策略进行博弈的。他们俩一直都是合作，但是在某一轮，A 操作失误了，或者 B 判断失误了，导致 B 把合作当成了背叛。下一轮 B 就会报复 A。这又导致再下一轮 A 要报复 B……两个人就陷入了一个再也无法合作的死循环。

这不就是冤冤相报吗？就像巴勒斯坦和以色

列，几十年的世仇，旧的伤口还没抹平又添新的仇恨，怎么调解都调解不好。他们都不是坏人，也许他们只是以直报怨的老实人。

生活中有时候也会出现这样的情况。小孩打架之后还能和好，可是成年人讲原则，两个好朋友因为一次误会就可能一辈子都不交往了。

所以在真实世界中，以牙还牙并不是最好的策略，它不够宽容。博弈论专家提出过一个改进版的以牙还牙：对方背叛我一次，我继续合作；对方连续背叛我两次，我再报复。研究表明，在有可能出错的博弈中，这个办法的效果比以牙还牙更好。

真实生活中别人可能犯无心的错，你也可能误判。中国人有句话叫“退一步海阔天空”，强人通常不喜欢这句话，但是其实这句话很有道理——宽容能避免脆弱。不过请注意，这句话的关键词是“一步”。退一步是宽容，退两步就是纵容了。

说到这里我不禁想起了钱锺书小说《围城》的结尾。方鸿渐跟妻子孙柔嘉闹矛盾。方鸿渐在回家的路上“蓄心要待柔嘉好”，而在家中等丈夫回家吃饭的孙柔嘉也在“希望他会跟姑母和好，到她厂里做事”。两人都抱着良好的愿望，希望达成合作。结果一见面说了几句话又翻脸了，还动手了。

有人说《围城》的主题，并不是说婚姻是个围城，而是说人无法掌控自己的命运。方鸿渐不知道因为什么就跟孙柔嘉结婚了，也不知道因为什么婚姻就破裂了。

总是事情改变人，人改变不了事情。人改变不了博弈。

但真的是这样吗？本来是想合作的，为什么就不能合作呢？如果有一方能宽容一点，被冒犯了再给对方一次机会，也许就不会是这样悲剧的结局。

问答

光墓：

退一步是包容，退两步是纵容，那是不是在第一步的时候多多少少把下次惩罚明确出来，这样有利于接下来的合作呢？

戴嘉蒙：

反向思考一下，如果一方总想利用那一次犯错被原谅的机会干一票大的，还应该原谅吗？也就是宽容不用考虑受害程度吗？

万维钢：

这些考虑都很有道理。以牙还牙也好，改进版的以牙还牙也好，都是在计算机模拟的简单世界里的博弈原则。这些模拟中，参与者互相之间没有办法进行可信的威胁和承诺，也不区分每次背叛的“可恨程度”。

日常生活中的博弈，我们会有更多的操作选项。比如有些伤害如果明显是恶意的，而且造成了极其严重的后果，那就是不可原谅的。还有，对于特别重大的合作事项，签合同的时候都会规定好如果一方违约会得到什么样的惩罚，不留原谅的余地。

但这绝对不是说计算机模拟的结果没有意义。计算机模拟是对生活的一种抽象近似。我们在生活中的确会经常性地跟人产生各种合作和背叛，比如熟人间的小摩擦、同事间利益的分配、公司和公司频繁的小竞争小合作，这些博弈的结果并非没有规律可循。像改进版以牙还牙的这个原则，就一定比一味地退让或者一味地强硬甚至什么亏都不能吃，甚至还主动背叛别人要好。

当然你不能机械地执行这个原则，你应该执行的是这个原则的精神。社会科学的结论都是这样的，它是套路但不是算法：没有机械化一定好用的定律，但是至少可以作为解题思路。从这个意义上来说，很多问题确实没必要将它变成特别繁杂的数学。

纯洁的憎恶：

我有一个想法，既然在现实生活中，操作失误难以避免，那么是不是可以（在报复之前）通过更频繁、有效的沟通和信息共享，来消除潜在的误会，起码在重要的事情上这么做。这样的做法是否更优呢？当然沟通也是有成本的。

万维钢：

是的！所以有句话说“要跟你的朋友保持较近的距离——而对敌人，要更近！”（Keep your friends close and your enemies closer.）古巴导弹危机之后，美苏两国一看这样的局面太过危险，心想千万别因为误会大打出手，所以双方建立了一个“热线”，有任何事情先打电话问问，消除误会。

1967 年第三次中东战争，美苏都没有参战，但是双方的舰队都在附近有所动作。这个时候热线就起到了作用，双方几天之内打了几十次电话，明确表示这只是一般的动作，并不是打算参战。后来建立热线沟通的办法就流行开了。美国跟中国、中国跟苏联、印度跟巴基斯坦、韩国跟朝鲜，都有热线。

热线这个主意是谁出的呢？最早是古巴导弹危机之后，肯尼迪政府组织的一个专家小组提出来的。这个专家小组的领导者，正是我们前文提到的，诺贝尔奖得主、博弈论策略矩阵图的发明人托马斯·谢林。

热线的建立不是为了交流感情，也不是为了友好合作，而是敌对的双方为了避免误会。事实上冷战没有变成热战，建立了热线的各方的确没有动不动就打起来，热线在其中起了很大作用。这就让我们忍不住设想，世界上有多少冲突，是因为误会而起的呢？如果大家都足够理性，仗还有必要打吗？

而对比之下，老百姓做事，比如同事、邻里、夫妻之间，包括有些公众人物在微博上，不交流还好，一交流反而因为几句话没说好就爆发了冲突……这不把托马斯·谢林笑死了吗？

装好人的好处

博弈论假设参与者都是理性的人，学习博弈论的我们学习的也是理性的决策。理性人的一切行动都是为了自己的利益。但是另一方面，我们从小到大都被教导要做个好人。那么，理性的人还有可能是好人吗?

有的人认为我们生活的这个世界是由弱肉强食的丛林法则主导的，好人都很愚蠢。也有的人在任何情况下都选择做好人。博弈论是怎么看待好人的呢?

7 好人与囚徒困境

以前有个电视节目是这样的。[1] 素不相识的两个人组队答题，题目都很简单，答对一些题之后两人会获得一笔几千美元的奖金。节目的最大看点是两个人怎么分这笔奖金。节目组规定，两人分别在纸条上写下“朋友”或者“敌人”这两个词中的一个。如果两人写的都是“朋友”，就平分这笔奖金。如果一个人写“朋友”一个人写“敌人”，那么写“敌人”的人就拿走所有的奖金。如果两个人写的都是“敌人”，那两人就都什么也得不到。

这是一个典型的囚徒困境，而且博弈只发生一次。写“敌人”的人，要么拿到所有的钱，要么一分钱都拿不到。写“朋友”的人，要么一分钱都拿不到，要么只能拿到一半的钱。显然两个人的压倒性策略都是写“敌人”。

然而节目中的真实情况是，53.7% 的女性和 47.5% 的男性都选择了合作，他们写下了“朋友”。这些人在金钱面前选择相信一个素昧平生的人，宁可被人背叛也不愿背叛别人。他们选择了做好人。

类似这样的研究还有很多，甚至有经济学家专门到监狱里让真正的囚徒进行囚徒困境的游戏。[2]这些研究的结果高度一致：有一半、甚至一半以上的人选择做好人。

难道这些人都是非理性的吗？

一个解释是这些人的确有些非理性，因为他们玩这种游戏都还不够熟练。前文提到过，人在做熟悉的事情时通常是相当理性的。比如有实验证明[3]，如果让一群人连续跟不同的对手玩几轮囚徒困境游戏，他们的行为就会趋于理性，会更多地选择背叛。这就好像在社会中见识了人性之恶，会把人变得成熟一样。

但有意思的是，如果让固定的两个人连续玩100轮囚徒困境游戏，他们会大量地合作，一直到最后几轮才开始互相背叛。

这似乎很容易理解——我们在熟人面前总是做好人。但是，简单的博弈论分析并不支持这个做法，这个现象曾经是一个著名的悖论。

2 好人与有限次重复博弈

上一篇我们提到，重复博弈会促进合作，因为你可以惩罚那些不合作的人。但是上一篇说的重复博弈，其实有个隐含的假设——重复次数是无限的。在有限次的重复博弈中，按理说，还是不应该合作。

这个结论有点怪，但是逻辑很清楚。比如两个人总共要进行100次囚徒困境博弈，在最后一次博弈中，因为后面没有惩罚的机会了，双方的压倒性策略就都是背叛。既然如此，第99次博弈的时候，在双方都已经算出下次对方肯定会背叛的情况下，第99次博弈必定也是互相背叛。同样的道理，第98次博弈也应该是互相背叛……有限次重复博弈中的每一次博弈都应该是互相背叛才对。

可是实验中为什么两个人直到最后阶段才选择背叛呢？是因为他们不会计算吗？对此，我至少听到过两种解释。

一种解释[4]认为，真实生活中的博弈次数的确是有限的，但也是随机的——如果我们不知道互相还会有几次博弈，甚至不知道下次还会不会有博弈，那么为了避免将来可能的惩罚，这次还是应该选择合作。正所谓“做人留一线，日后好相见”。

还有一种解释[5]认为，就算我们明确知道未来还会有多少次博弈，理性选择也应该是先合作，这就是“KMRW 定理”，又被称为“四人帮模型”。它是 1982 年才被四位经济学家提出来[6]，并以这四位经济学家名字的首字母命名的。这个理论非常有意思，它事关要不要做好人这个重大问题。

如果双方都明确知道对方是理性的人，那在有限次重复博弈中就不会有合作。可是社会上总有些人愿意当好人，愿意合作。四人帮模型解释的关键在于对方到底是不是个理性的人——这个信息是不完全的，叫做“不完全信息博弈”。KMRW 定理认为，在不完全信息博弈中，参与者不知道对方是好人还是理性人，那么只要博弈重复的次数足够多，合作能带来足够的好处，双方就都会愿意维护“自己是好人”的声誉，前期尽可能地保持合作，到最后才选择背叛。

具体来说，就是假设博弈双方是 A、B 二人。A 是喜欢合作的好人，B 是自私自利整天坑蒙拐骗的坏人。两人第一次博弈，B 发现 A 没有背叛他，居然和他合作了。B 会想，A 是不是有点傻呢？那 B 接下来会怎么办呢？

如果囚徒困境要进行很多轮的话，合作则对双方都有好处。这次 A 让 B 占了便宜，但是 B 知道 A 但凡有点脑子，也不可能让他永远占便宜。与其把 A 教育成坏人，还不如陪着他当好人，这样长期下来对两人都有好处。

所以 B 在下一轮选择了合作。我们知道，B 之所以这么选，是因为他觉得 A 有点傻，A 肯定会跟他合作——对别人，B 可不会这么做。

几轮合作下来，A 会认为 B 也是个好人。就这样，一个真好人，一个假装的好人，就这么一路合作下去了。直到最后的几轮，他们才会露出本来的面目。

③ 好人与社会

你是不是感觉 A 和 B 的故事有点熟悉?《射雕英雄传》里，黄蓉和郭靖刚刚相遇时，黄蓉本是个理性人，她知道江湖险恶，所以坑蒙拐骗。但黄蓉发现郭靖的行为有点傻，居然是个好人。于是黄蓉——在博弈论专家看来是完全理性地——也选择做了好人。最终就成了两个好人快乐地生活在一起。

那黄蓉到底是装好人，还是她本来就是个好人呢？更进一步，当初的郭靖到底是真好人，还是装好人呢？从博弈论角度来说，这些问题已经不重要了。因为我们在大多数情况下无法区分一个好人和一个理性人。

张维迎在《博弈与社会》这本书里讲到，KMRW 定理可以解释“大智若愚”。

“智”，就是人要自私，一切行动都是为了自己的利益。“愚”，就是宁可吃亏也不背叛别人。每一轮都选择背叛，看似自私不吃亏，但其实那是“小智”。而如果宁可吃点亏也要选择合作，就会建立良好的声誉，从而会有更多的人前来合作，从长期来看这才是“大智”。

这使我想起一个笑话：小镇上有个傻青年，别人都喜欢用一个游戏逗他玩——在地上摆一张 10 元和一张 20 元的钞票，笑他每次都捡那张 10 元的。后来有个外地人来到小镇，慕名找到这个青年玩游戏，他果然捡了 10 元的钞票。外地人忍不住问这个青年：“你为什么不捡 20 元的钞票呢？”青年说：“我要是捡 20 元的钞票，还会再有人跟我玩这个游戏吗？”

4 好人与理性人

所以理性人有充分的理由不暴露自己是个理性人，应该假装自己是个好人。

那装好人要装到哪一步为止呢？有限次重复博弈的实验中，双方通常是到倒数第二次博弈才暴露自己的理性人面目，选择背叛。生活中有些人的确是这么做的。比如领导干部有个“59 岁现象”——老老实实清正廉洁地做了一辈子工作，临退休再利用职权捞一把大的。

但是 59 岁暴露可能还是太早了。因为人生的博弈并不在退休那一刻终止，除了工作还有很多别的博弈，好人的声望可以一直有用。

也许装好人应该装到生命最后一刻，就好像一个著名的段子。一对恋爱中的男女，女孩问男孩：“你对我那么好是不是在骗我呢？”男孩的回答非常符合博弈论精神，他说：“如果我是在骗你，那就让我骗你一辈子吧。”

既然装好人有这么大的好处，我们为什么不做一个真正的好人呢？做一个康德式的好人，跟人合作并不是因为合作有好处，而是我单纯认为这么做是对的，这样行不行呢？

博弈论专家绝对不会建议你去做真正的好人。好人经常对世界有一厢情愿的期待。有的好人认为他能感化别人，他觉得如果我这次跟人合作，哪怕吃了亏，下一次别人也会因为不好意思，或者为了回报我而跟我合作。博弈论专家认为这种想法非常危险。事实上，如果你身处一个比较险恶的社会环境，那你不但不应该做好人，而且应该装坏人[7]。

不过话说回来，做真正的好人的确有个重大好处——你会自我感觉很好。为了维持这个良好的感觉，你宁可牺牲金钱的利益。这大概就是开头那些实验中，有一半的人在最初就选择了合作的原因。

现代社会就是这样，通俗小说、电影和电视剧里一般都是好人取得最后的胜利。你被这样的文化熏陶，就不自觉地想要跟好人一伙儿。好人跟好人之间形成了一个想象的共同体。这其实是一个幻觉，但是没办法，想象的共同体是最强大的社会力量。

这种感觉有时候会如此强烈，以至于我们认为物质利益都是不值得的。这其实也是理性的，只要你知道自己心中什么最重要就行。

问答

无心恋战：

理性人和好人的假设，还是有点难以接受。我认为不是理论体系的问题，是应该区别每一种模型里提出的假设，不能把假设和真实社会的某些非假设的东西串起来，让我很混乱啊。

万维钢：

每个理论都有自己的边界和适用范围。博弈论并不研究你应该想要什么，博弈论研究的是如果你想要的一个东西别人也想要，你们在这件事上有冲突，那你应该怎么办，才能让自己在这个东西上的利益最大化。

博弈论甚至不研究你应该想要短期利益还是长期利益。重复博弈默认人想要长期利益，但是如果有一方对长期不感兴趣，那博弈就是短期的——这也没问题。

博弈论不在乎具体的价值观，但是博弈论要求你对你想要的东西有个清晰的、稳定的排序。你得知道为了什么东西可以牺牲什么东西。

不过在通常情况下，博弈双方想要的是同一种东西——也只有这样的问题才值得研究，否则就不是非合作博弈了。

头发末梢的遗憾：

在一个春节前夕，我一位做家具零售的朋友的供应商跑路了，临走还卷走了我朋友的预付款，我朋友想不明白，大家都相处十多年了，一直合作愉快，何必为了这十几万元钱搞得终生不见。我问他："对方之前有什么反常举动吗？"他说也就是大环境不太好，对方多要了一些预付款，供货延时，拖了两次，找上门去才发现跑路了。根据 KMRW 定理，他们之间博弈重复的次数也足够多，合作也确实带来足够的好处，双方也都在维护自己是好人的这样一个声誉，最后一次会选择背叛。但如何判断什么时候是最后一次呢?

万维钢:

这件事简直是完美地诠释了KMRW定理，只可惜双方对什么时候是最后一次博弈没有共识。KMRW定理认为，到底哪一次博弈是最后一次，跟背叛得到的好处、跟对方是好人的概率大小，都没有关系。只要双方明确知道什么时候结束，那么通常背叛会从倒数第三次或者倒数第二次交往开始。

这个供应商可以说是个短视的人，这样的人没什么出息。但是你的朋友也有点大意了。既然大环境不好，那就不但不应该多给预付款，而且还应该少给。不用说企业，连银行都应该紧缩信贷。如果你对别人唯一的惩罚手段就是下次不合作了，那就一定要确保让别人能从背叛中得到的利益最小化，就好像毒品交易，每次的额度都不要太大。

布衣竞争，权贵合谋

前几篇中我们一直把囚徒困境当做一个不好的东西，但这是一个立场问题。站在囚徒的立场来说，你希望促进合作；但是站在警察的立场上，你希望利用囚徒困境。

市场上企业之间的竞争，可以说是一个好的囚徒困境。作为消费者我们不希望所有公司联合起来抬高价格，我们希望各个公司互相竞争，使产品质量越来越高，价格越来越低。但公司是非常理性的参与者，他们会想各种办法达成合作。

最常见的办法是通过某种协调机制进行合谋。

只要参与者足够少，利益足够大，合谋简直就是必然的。这不是一个正能量故事。

1 钻石故事

你记不记得莱昂纳多·迪卡普里奥（Leonardo DiCaprio）主演的电影《血钻》（*Blood Diamond*）？当时很多人看了这部电影之后表示再也不喜欢钻石了。因为采集工付出极大代价却没有得到什么好处，钱都让商人赚了，钻石不过是一种挺好看的石头而已！

钻石根本就不是什么稀有的东西，这已经成为一个公开的秘密。天然钻石的储量其实很大，钻石之所以价格那么高，是因为钻石业务被垄断了。

现在人们都把钻石当做永恒爱情的象征，说"钻石恒久远，一颗永流传"——如果你认为这个类比是因为钻石的化学性质特别稳定，那就太过天真了。

事实是把钻石和爱情联系在一起，与把圣诞老人送礼物和圣诞节联系在一起一样，都是商业宣传的结果。

结婚戴钻戒的风俗是在19世纪才流行开来的，而就在19世纪，钻石业务出现了一次重大危机。1869年，人们在南非发现了一个巨大的钻石矿，导致钻石的价格直线下降。商人们马上意识到这是囚徒困境，各家竞相压价的结果是大家同归于尽。

于是钻石商人们做出了一个博弈论意义上的壮举：大家联合起来成立了一个全球范围内的垄断集团——著名的戴比尔斯公司（De Beers）。

戴比尔斯完全不避讳垄断这个事实，而且还引以为豪。该公司表示，我们垄断，让钻石维持高价格，对生产者、销售者和消费者都有好处。

你可能跟我一样不理解这对消费者有什么好处，但是戴比尔斯的逻辑是这样的。所谓“钻石恒久远”，真正的意思是钻石能保值。钻石保值，你们的爱情才能保值。钻石要是贬值，万千消费者的爱情不也就贬值了吗？如果没有昂贵的钻石，你们用什么见证爱情呢？所以就算你还没买钻石，你也不希望钻石贬值。

戴比尔斯这样的逻辑好像让它成为一个专门提供爱情服务的公司。但总而言之，钻石是一种非常奇怪的商品，它必须价格贵才有人买，“贵”就是它的价值。

戴比尔斯这么多年来确实做得很好。它让钻石价格始终稳定在同一水平上，不降价，但也不涨价。它小心翼翼地不去刺激美国政府，因为美国有严厉的反垄断法。它会收购潜在的竞争对手，哪里新发现一个钻石矿，戴比尔斯会不惜代价将其买下。它还教育消费者，人工合成的钻石跟天然钻石有着微妙、但绝对是无比重要的差异。它玩的是一个滴水不漏的游戏。

但问题在于钻石真的不是什么稀有的东西，戴比尔斯不可能永远一手遮天。比如在 1999 年和 2003 年，加拿大的钻石矿就宣布和另外两家珠宝公司合作，其中一家是著名的蒂芙尼（Tiffany）。戴比尔斯的垄断被打破了。

麦克亚当斯在《博弈思考法》[1]这本书里对钻石业的未来表示了悲观，当时是 2014 年，戴比尔斯的市场占有率已经大大下降。

但是我专门去调研了一下，发现垄断被打破之后钻石的价格并没有下跌。

图 4 是 1987 年以来戴比尔斯的市场占有率变化，的确是一路下滑。

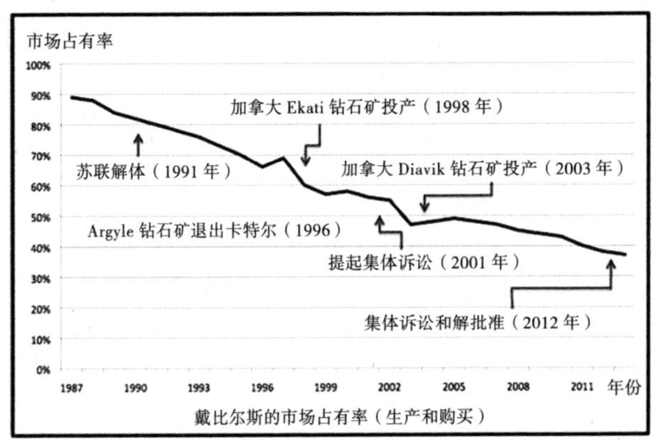

图 4[2]

但是钻石的价格并没有下跌。（如图 5）

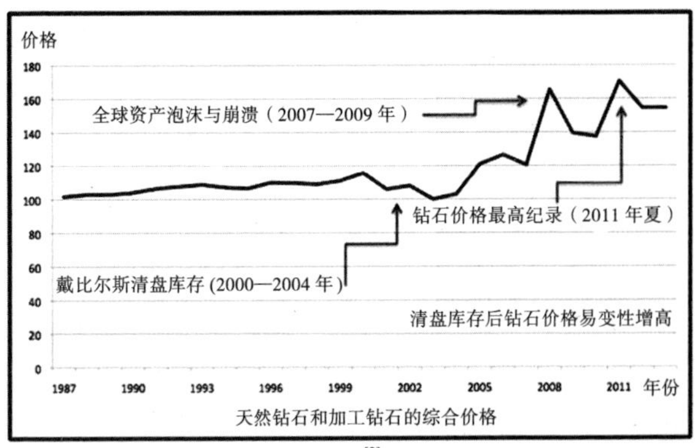

图 5[2]

图 6 是 2013 年以后的数据。

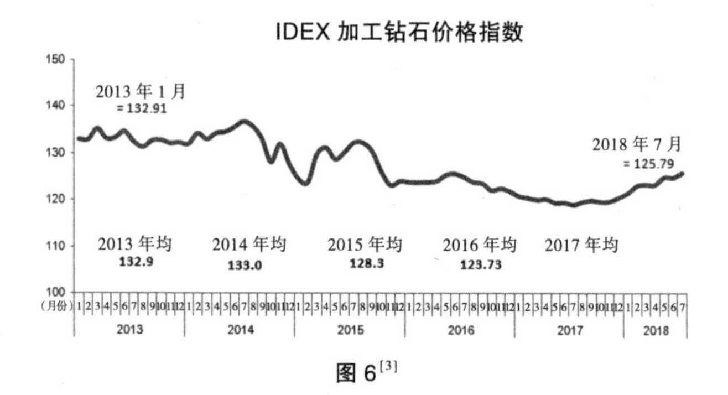

图 6[3]

可以说，戴比尔斯失去垄断地位之后，钻石价格指数的波动的确变大了，但总体来说，钻石价格不但没有下跌，反而还上涨了 30%。

我们总是会听到类似“俄罗斯发现了一个巨大的天然钻石矿，钻石马上就要不值钱了”这样的分析。可是这么多年过去了，钻石还是这么贵，爱情真没贬值。这是为什么呢？

当然是因为理性。钻石业务的玩家仍然是少数，他们知道钻石这个东西好就好在价格贵，所以绝对不能降价，于是他们非常默契地形成了同盟。

虽然政府不允许公司联合起来成立卡特尔，但很多协调都是意会，不需要成立什么敏感组织，就可以达成一致。

2 价格匹配

美国有些商店有一种叫价格匹配（price match）的做法。比如你在我的商店买了一件物品，一段时间内，如果你发现该物品在另一家商店的价格更便宜，你就可以回来找我，我会给你补足差价。有些商店甚至还会多付差价的 10% 作为补偿金。

有多少人买东西会关心别的商店卖多少钱呢？真正动用这条规则的顾客只是少数。但是既然商店敢这么承诺，顾客就会相信这家店的价格确实够低，也就没必要继续货比三家了。从博弈论的角度看[4]，价格匹配还有一个更重要的作用——避免价格战。

像电子产品这样标准化的商品，消费者从哪个商店买都是完全一样的，他们只会关心价格，所以特别容易引发价格战。在理论上这是一个囚徒困境，商店应该把价格压低到只比成本略高才对。但事实是，各家店的价格几乎都是一样的，商店之间有很好的协调。

比如 A 商店实行了价格匹配。本来竞争对手 B 商店降价是为了吸引更多顾客，尤其是要把 A 的顾客抢过去。但是现在 A 表示如果 B 降价，我会给顾客补足差价，这就意味着 B 就算降价也抢不到 A 的顾客——B 也就没必要降价了。

所以价格匹配是一种不用直接对话的协调。商店之间并没有成立卡特尔组织，政府很难说这样的做法有什么不对。

价格匹配在互联网时代之前十分常见，对消费者来说它是个很麻烦的做法，发现自己买贵了又要提交证据又要等着退钱。到了互联网时代，消费者可以很方便地查询到各家商品的价格，直接买一个最低价的就行了。那这样商店是不是应该竞相压价了呢？

并没有。价格匹配的本质是你降价我就跟着降价——所以你降价没用。这在互联网时代其实更方便。

③ 互联网时代的合谋

在美国买车是可以讨价还价的。斯坦福大学胡佛研究所的研究员、应用博弈论专家布鲁斯·布恩诺·德·梅斯奎塔（Bruce Bueno De Mesquita）在《预言家的博弈》（*The Predictioneer's Game*）[5]一书中讲了一个买车的方法：如果你要买车，别急着去车行，先给每个车行打电话，告诉他们你今天16:00之前要买一辆××型号的车，而且你会听取附近所有车行的报价，这样他们就会给你一个最低价格。

我家买车的时候就测试了这个方法，的确有效。在我看来，这种方法的关键在于它是暗中的竞价，你跟这个车行谈的价格别的车行是不知道的。如果车行A知道你跟车行B谈的价格，而且车行A确保让车行B知道，它一定会知道车行B

给你的报价，并且一定会立即匹配那个价格，车行B就不会打这个价格战了。因为如果打价格战不能吸引到更多的顾客，背叛没好处，就不是囚徒困境了。

互联网时代有很多比价网站，各家的报价一目了然，看上去像是一个为消费者服务的做法。但事实上，比价网站方便了商家之间的价格协调。

商店也在互相盯着各自的报价。如果某一个商店给某个商品降价，其他商店常常会在五分钟之内也降价。特别是亚马逊平台上，有人专门做过研究，使用专门的算法根据其他商家的报价调整自家的价格。

你降价我也降价，你降价就无法抢走我的顾客，那你还何必降价呢？因为有这样的协调机制，至少在报价这一点上看，消费者面对的其实只有一家店。

当然，如果商家真想用降价的方法吸引顾客，其实还是可以操作的。比如商家可以进行“满减”之类的活动，不改变商品价格，最后结账的时候再给消费者实惠。中国的网店经常这么做，这可能是因为中国的网店仍然处在成长期，还在互相抢地盘。美国的网店已经相对成熟了，各自承认势力范围，尽量避免囚徒困境式的厮杀。

现在美国连“募捐”这种业务都已经形成垄断集团了。[6] 比如假设你有一个研究攻克某种罕见病的慈善项目，想要向全国人民募捐，但你因为个人的行动力太弱，无法筹集到多少款项，必须把项目包给一家专门进行募捐的大公司。这家公司就会派人挨家挨户打电话敲门帮你募捐——但是你只能得到全部收入的20%。

你觉得这太不公平了，但募捐是个囚徒困境，劝说捐款的慈善组织太多，老百姓已经不胜其烦，让一家大公司垄断是最合理的办法。不过大慈善组织全都联合起来，小慈善项目根本分不到什么。

这个博弈格局是如果利益很大，而参与者很少，这些参与者就会联合起来。因为只要上了这张桌子，稳稳当当就能瓜分天下，何必斗个你死我活呢？

网上流传着一句话，“上流社会人捧人，中流社会人比人，下流社会人踩人”。它虽然难听，但是有几分道理。合作的利益大就不会竞争，背叛的成本低才会背叛。

怎么打破这个局面？一个办法是扩大市场准入，让更多的参与者进来，让商家或明或暗的协调没那么容易达成。另外一个办法是依靠政府的力量反垄断，相当于全体消费者联合起来去对付巨头。

要知道巨头早就联合起来了。

我的头像很\"痒\"

如果现在有个机会，您能得到一个行业的垄断权，但只有60%成功的可能性，而且您要投入极大的成本（时间、金钱），您会选择吗？

万维钢：

垄断这个游戏并不容易玩。仅仅在名义

上，甚至在法律上拥有一个地盘还是不够的，你还得有铁丝网，能阻止别人进来才行。你说的这个垄断是什么样的垄断呢？是技术壁垒吗？是政策性的吗？还是仅仅是一个暂时的局面呢？你怎样才能确保后来的人进不来，让你长期独享这个市场呢？

想要玩这样的游戏必须得有一定的根基才行——技术根基、人力根基、品牌根基或者人脉根基。一个没有根基的人，就算偶然拿到了垄断权，那也是德薄而位尊，根本守不住。

Lake:

对于上流人士来说，博弈论相对好理解好操作。而作为中层和底层人士来说，受制于囚徒困境，博弈论是不是难以践行？

万维钢:

上层因为利益很大而人数少，的确是更容易达成协调和合作。就算有冲突，也不会是一个人独自跟所有人冲突，都是以合作为主，最多拉帮结派而已。对比之下，中下层十分缺少有力的合作伙伴，没人帮衬。

那么在这种情况下，如果一个中下层人士不喜欢自己的角色，不愿意随波逐流，想要做个 player，他就需要博弈论。首先他会迫切需要帮助，所以他迫切需要跟别人建立互信机制。他必须证明自己有足够的能力完成任务，才能得到比较重要的工作。他必须证明自己一定会还钱，才能借到钱。他必须结交到足够好的朋友，才能在自己需要准备考试或者外出做事的时候有人帮他做平时要做的事。他必须奖罚分明，才能团结起一帮人。

博弈论会对此有所帮助。比如说，后面我们要介绍什么是可信的威胁和承诺。在博弈论的视角中没有什么上层和下层，有的只是各种各样的博弈格局。

刘邦的丞相陈平出身下层，家里很穷但是他自己保养得挺好，长得很漂亮。陈平不事生产，家里的房子无论是地段还是硬件条件都很差，但是他交际范围广，“门外多有长者车辙”。有个富人一看陈平是个 player，就把女儿嫁给他，说“人固有好美如陈平而长贫贱者乎？”

我们学博弈论也是这样。一个人怎么可能精通博弈论而长期处在贫贱状态呢？

有一种解放叫禁止

博弈论这门学问的开山鼻祖是物理学家、数学家和计算机科学家约翰·冯·诺依曼（John von Neumann）。这个出身非常高贵，因为冯·诺依曼是人类历史上绝无仅有的天才。不过现在提起博弈论来，我们经常谈论的是约翰·纳什、托马斯·谢林这些经济学家，这是为什么呢?

因为冯·诺依曼研究的博弈论还只是一种数学游戏，而后世那些朴实的经济学家们让博弈论落了地，使它能被应用在日常生活中。到了今天，我们甚至可以说博弈论是一切社会科学的基础。

比如囚徒困境就是一个特别有用的思维工具。经济学中所谓的“负外部性”“公地悲剧”、价格战，国际政治中的军备竞赛，动物世界中的互助行为，体育比赛中的禁药使用，医学中的抗生素滥用，心理学中的上瘾现象，等等，其实都是囚徒困境。破解囚徒困境的方法可以在各个领域使用，所以博弈论是一个更底层的逻辑，是人类理性行为的第一性原理。

这一篇我们继续探讨破解囚徒困境的方法。自由论者可能更喜欢用像重复博弈或者协调这样自发的方式达成合作，但是老百姓有个更直观的解决方案：让政府管。

1 我们需要被管

相对于我们中国人爱看的英式足球，美式足球比赛看起来更像是两支军队在作战。教练对球队有更直接的控制，有各种攻防阵型，动不动就打得人仰马翻。你可能觉得美式足球太野蛮，它在以前其实更野蛮。

1892 年，在一场哈佛大学对耶鲁大学的美式足球比赛中，哈佛大学发明了一个非常厉害的进攻阵型——“楔形推进队”（flying wedge）[1]。队员排成一个紧密的 V 字形冲锋，像一把尖刀插入敌人的心脏。哈佛大学凭借这个阵型取得了碾压式的胜利。

但是在可以进行充分交流的项目里是不会有独门绝招的，其他球队很快就都学会了这一招，楔形推进队风行一时。之后人们马上意识到一个问题——这种野蛮的打法特别容易导致受伤。

每个球队都想用楔形推进队赢球，但是为了少受伤，最好是大家都不要用，这是典型的囚徒困境。而这个问题很容易就被解决了——大学联盟直接禁止使用楔形推进队。比赛规则很容易被贯彻执行，因为哪个队犯规，裁判一眼就能看出来，然后立即就能惩罚，简单有效。

从博弈论角度来说，这叫做邀请第三方监管。监管的本质是改变了博弈的报偿（payoff）。有了有效的监管，不合作就不但没有好处，而且会受到惩罚，那么不合作的行为自然就会大大减少。

运用这种方法的例子有很多，比如烟草广告。

历史上曾经有一个时期，美国的烟草公司可以任意发展。到 20 世纪 60 年代的时候，烟草市场就已经饱和了。全国总共就这么多人吸烟，市场总共就这么大，几家大烟草公司无非就是瓜分一个有限的市场，你要多拿一点份额，我就少拿一点。这就是零和博弈，零和博弈的竞争是最激烈的。于是各家烟草公司就不得不花越来越多的钱做广告，大家的总投入越来越大，可是总的市场还是只有这么大，这就是一个困局。

与此同时，当时人们逐渐意识到吸烟的危害，政府就开始推动立法，限制烟草业的发展。1967 年，美国联邦通讯委员会发布规定：在电视上做烟草广告，必须搭配播出一条“吸烟有害健康”的公益广告。这对烟草行业来说简直是致命一击。不做广告，竞争对手就会抢走你的顾客；大家都做广告，不仅都要花钱，吸烟的人还会在公益广告的教育下变得越来越少。这又是一个典型的囚徒困境。

结果在 1970 年，美国国会通过了一个法案，禁止烟草公司在电视上做广告。这个法案出台的第二年，烟草公司的广告费就下降了 30%，利润马上上升，已经濒临死亡的烟草业一下子复活了！美国国会哪里是打击烟草业，这简直是促进烟草业的健康发展啊。

没错。事实上，公众不知道，甚至连很多国会议员都不知道的是，禁止烟草公司投放电视广告的法规，是烟草公司自己在国会运作的结果。他们用邀请第三方监管的办法解决了囚徒困境。市场还是这么大，但是每个公司都能省下一大笔广告费，还不用再宣传“吸烟有害健康”了。

有一种困境叫自由，有一种解放叫禁止。

再比如虽然中国球员的竞技水平在世界范围内很低，可是他们的工资水平很高，这是因为球员太少，使球队陷入了囚徒困境。中国足球协会制订了限薪令，规定中超联赛国内球员年薪不能超过税前 1000 万元。

如果你是一个教条主义的拥护自由市场的经济学家，可能会认为限薪令是政府在干预市场正常运行。但博弈论是比经济学教条更基础的逻辑。从博弈论角度来说这么做完全合理：关键在于，就算工资封顶，球员踢球的积极性也不会下降——因为以当前中国球员的能力，他们只能在中超踢球。限薪并不会让联赛的水平受损。

在这种被资方完全掌控的市场里进行限薪是非常常见的做法。NBA（美国职业篮球联赛）有工资帽，中国的娱乐明星拍戏也有片酬限制了。要点就在于就算限薪，明星们也只能留在这个市场里。西甲联赛要是实施限薪，梅西还可以去英超踢球——而中国这些明星只在中国最赚钱。

像这样的监管不是统治和被统治的关系，而是玩家们避免恶性竞争的协作手段。但监管并不是万能的。

2 渔民的故事

关于公地悲剧，你肯定在很多经济学教科书中看到过“在草地上放牧”的比方，但现实生活中还有个特别显眼的例子——渔民捕鱼。我看过好几个经济学家在书中讲捕鱼的故事，有意思的是每一本书提供的解题思路都不一样，而且每一本书都没有彻底解决问题。

情况是这样的。某片公共海区中有鱼，如果放任渔民捕鱼，他们很容易就会把所有鱼都捕光。每个渔民都知道“不涸泽而渔”的道理，可是你不捕别人也会捕，这是一个囚徒困境，进而就会出现公地悲剧，怎么办？

经济学家应对公地悲剧有三个办法。[2] 左派经济学家的办法是让政府监管。市场原教旨主义经济学家的办法是把渔场私有化。而一个更高级的办法，是 2009 年诺贝尔经济学奖得主埃莉诺 · 奥斯特罗姆（Elinor Ostrom）提出的观点——社区可以自己管理自己。

在博弈论看来这三个办法没有本质区别，其实都是监管。区别只是由政府监管，由拥有者监管，还是大家互相监管。而且这三种监管手段可能都不好用。

先说最高级的应对办法。社区自己管理自己最简单的做法就是休渔。也就是只在每年的某些季节捕鱼，其他时间休养生息，大家互相监督，谁也不许出海。这个办法非常容易执行，毕竟谁家要出海别人一眼就能发现。但是休渔期不是无止境的，在允许捕鱼的季节，各家渔民都会使用最先进的捕捞技术，还是会把鱼捕光。

我听过这样一个极端的例子：加拿大的一个渔场，最后规定每年休渔 364 天，只有 1 天可以捕捞——可就在这 1 天之内，渔民们还是把鱼捕光了。

第二个办法是私有化。就算实施私有化，通常情况下也不能让一家渔民拥有整个渔场，要将渔场分给几家渔民。每家的年度配额会规定能捕捞什么鱼、能捕捞多少，包括只能捕捞大鱼，不能捕捞小鱼，等等。可是在这种拥有者自己监督的情况下，谁来监管他们对配额的执行情况呢？

所以捕鱼问题最后总要落实到第三个办法，也就是最让自由论者反感的政府监管。但政府也很难监管。中国有句话叫“上有政策，下有对策”，政府没有能力监督每一条船，一般也就是让各家渔民自己报数而已——可想而知，渔民会谎报捕捞数量。

我听过一个比较新颖的办法，是让渔民和政府之外的“第四方”参与监管。这个第四方就是没有执法权的统计机构。比如美国政府要进行人口普查，但是担心非法移民躲避普查，就规定统计部门只负责统计而不执法，而且不会把信息跟移民局共享。

用这样的方法至少能得到一个真实的总数。就算不知道哪家渔民违规捕捞了，只要监管者知道捕捞的总数，就能对这片海区做到心里有数，实在不行至少还可以强制休渔。

监管也许是很多人心目中没有办法的办法，但是监管也可以玩得很高级。

3 宽严皆误

美国政府的环保部门在过去几十年有个解决公地悲剧问题的新思路——监管要与企业合作。[3]

过去环保部门要监管各企业的污染物排放情况，都要亲自使用技术手段检测。政府没有足够的人力物力，只能进行抽检，而抽检的比例连 1% 都不到，可以说是高成本低效率。不但如此，环保部门和企业之间还是尖锐对立的关系，动不动就要打官司，苦不堪言。

这个新思路要求政府给企业放权，让企业自查，自己排污多少，是否违反了规定，自己向政府报告，自己主动整改。而作为回报，只要是企业自己上报的违规行为，政府就不进行处罚。

但这其实是一个政府和企业之间的囚徒困境。理想的局面是企业自觉、政府宽松，双方合作；现实的局面是企业想作弊，政府想严惩，双方都有不合作的冲动。

那怎么才能合作呢？我们可以设法破解这个囚徒困境。

比如可以实施重复博弈。监管是长期的，对于长时间内持续表现好的企业，政府可以给予更高的信任度——免检，企业踏踏实实生产，政府也轻松了。

还可以进行承诺。政府可以单方面承诺，表示凡是企业主动报告的违规行为，一律都不处罚。企业也可以联合起来给政府一个承诺，表示我们自愿加入自我监管计划，我们在工厂内部设立专门的环保管理者，我们自己管理自己。

美国环保部门的实践证明，监管者和被监管者的合作关系是有可能达成的。

老百姓和经济学家对“政府”往往有截然不同的情绪。老百姓心目中的政府是个本来应该“万能”，可是常常“不能”的事物，什么都想指望政府，又常常指望不上。而经济学家最拥护的力量不是政府，是市场。有些市场原教旨主义经济学家甚至认为任何政府监管都是不好的。

可是从博弈论的角度出发，我们并不认为政府是一个特殊的存在。根据不同的具体情况，政府只是几个可能监管者中的一个。而且因为执法有成本，政府的监管力量也很有限。

最高级的看法是，你应该把政府也当做一个player。而且政府也应该把自己视为一个player。既然是参加博弈的player，政府也需要博弈论。

问答

ZHENIA:

统计部门这个第四方监管如何保证公平正确？没有激励，要是它也偷懒怎么办呢？

Stone Tian:

如果监管层也做 player 引入博弈的话，那监管层又需要另一个监管层来监管，这不就递归了吗？

万维钢:

这个问题是中国皇帝经常面临的困境，也可以说是专制统治的根本困境。派官员管理人民，可是官员会腐败，所以必须设立一个专门监督官员的机构。这个监督机构自己也会腐败，所以必须再设立一个监督和制衡这个监督机构的机构。就好比明朝只有锦衣卫还不够，还得有东厂，有东厂不行，还得再设立个西厂。皇帝眼中靠得住的只有太监，因为太监没有后代就没有自己的长期利益，必须对皇帝忠诚。

造成这个递归的技术原因在于监督都是单箭头，每一方只要向监督他的一方负责。单箭头的监督根本就看不过来，最后只好进行一些“忠诚”之类的思想教育。

现代社会早就破解了这个递归，因为现代社会拥有多箭头，而且还是多元的权力格局。民众和社会团体可以监督政府机构，社会机构和政府机构可以互相监督。于是这个结构就不像以前那样是一棵树，而是一张网。树上的每个单元都隶属于它的上级，对上级负责；而网上的每个单元相对是平等的，自己对自己负责。

在现代社会，很多统计、评级和监督是由独立于政府的社会机构、甚至是私人机构完成的。比如标准普尔公司给金融机构评级，盖勒普公司进行各种民意测验，它们并不是作为一个工具去完成谁的任务，它们做这些事的目的可以说就是为了继续做这些事——它们的价值是自己的信誉，而不是得出对谁有利的结论。

当然，世界上没有绝对完美的体制，私人统计机构也有可能腐败。但是，后文将会介绍，在一个由众多player组成的社会里，人人为自己负责——而不是被谁管着，社会规范和道德水平可以是比较好的。

先下手为强

前文我们一直在说如何达成合作，但博弈的出发点可不是合作，而是争夺。学习博弈论不是为了树立“合作意识”，变成爱好和平的小白兔，而是为了研究怎么迫使别人“合作”。也就是说，博弈的目标是让别人按照你的意志行事。

接下来，我们将进入“动态博弈”。

动态博弈的特点是参与者出手有先后次序，我走一步你走一步，就好像下棋一样。一般情况下，介绍博弈论的教科书讲到动态博弈都要画“决策树”，决策者每走一步都要先想好对方会怎么应对，考虑为了得到想要的结果最初应该怎么办，这是“向前展望，向后推导”。

不过，在我看来，动态博弈的本质不是轮流出招，而是你可以改变游戏的规则。你每次行动之后，留给对方的都是一个不一样的博弈局面，都是一个新的游戏。有出手权，这是十分难得，而且可能稍纵即逝的机会。

1 既成的事实

有个经典的博弈局面，英文为“the game of chicken”（小鸡博弈或胆小鬼博弈），意思是比比谁胆小。在一条笔直的公路上，甲乙两个人各自开一辆车相向而行，眼看就要撞在一起了。游戏规则是谁先打方向盘靠边谁就胆小，谁就是小鸡。（如图 7）

图 7[1]

当然双方肯定都不想死，转动方向盘是必然的，问题就在于谁先转。

博弈论专家的建议是，如果你在这场博弈中想赢，你可以当着对手的面，把自己这辆车的方向盘卸掉。这个动作明确告诉对方你肯定不会转方向盘——你的车已经没有方向盘了，只能走直线。那么现在两辆车会不会相撞就完全取决于对方。只要对方不想死——你知道他肯定不想死——他就只能转方向盘，这样你就赢了。

你通过自己的行动改变了游戏规则。本来游戏规则是两个人都可以选择是做小鸡还是死，而你把规则改成了只有对手能选择做小鸡还是死。你放弃了自己的选项，但把做小鸡的唯一可能性交给了对方。

小鸡博弈是个非常常见的局面。只要你能确定对手的底线，那么先发制人，造成既成事实，就能逼迫对手就范。

举个简单的例子。一对青年男女想结婚，可是父母坚决反对，怎么办呢？他们可以强行结婚，使结婚成为既成事实，甚至女方已经怀孕了。面对这个既成事实，哪怕父母再不满意，他们的理性选择也只能是接受，而不是再去拆散这对夫妇。就算当时不接受，过段时间找个台阶也就接受了。

英文中有句格言叫“It’s better to ask forgiveness than permission.”——与其事先请求允许，不如事后请求原谅。如果你算准自己做了这件事对方也没办法，那就应该直接做。

比如朝鲜核试验。国际社会号称坚决反对朝鲜进行核试验，但是朝鲜根本没把警告当回事，不但堂而皇之地进行了核试验，而且进行了好几次。每次核试验之后国际社会都要指责朝鲜，但是又能怎么样呢？美国求着朝鲜“弃核”，等待朝鲜的将是一大笔国际援助。现在谁是小鸡？

所以先发真能制人。那如果对方先发了，我们就一点办法都没有了吗？也不是没办法，但是这个办法非常非常危险。

2 危险的边缘

古巴导弹危机就是个典型的例子。1959 年，美国在意大利和土耳其部署了携带核弹头的中程导弹瞄准苏联。1962 年，赫鲁晓夫下令在古巴部署更大规模的携带核弹头的中程导弹，等于是直接在美国家门口威胁美国。肯尼迪不当 chicken，选择了硬碰硬。同年 10 月 22 日，肯尼迪宣布对古巴进行海上封锁。

接下来，双方的做法就是让危机不断升级。美国进行海上封锁，苏联就要派舰队进出。苏联派出舰队，美国就要登船检查。接着苏联又派出攻击型核潜艇，美国则逼迫核潜艇上浮！双方你来我往，苏联的一个核潜艇指挥官甚至已经决定发射核武器，幸亏在关键时刻冷静了下来。

前文提到过的博弈论专家托马斯·谢林把这个策略叫做“brinkmanship”，一般翻译为“边缘政策”。不过在我看来，这应该叫“悬崖策略”，意思是我们两个都站在悬崖边上，你不服，我就把你再往前推一步。我推你的过程中你也拉着我，要死一起死。我们脚下的土质已经疏松了，还打滑，可能再进一步两人都得摔下去——但是接下来我们又往前走了一步。

悬崖策略是动态进行的小鸡游戏。你敢拆方向盘，我就敢加速，直到有一方让步为止。层层加码比一步到位好，一上来就越过心理底线会让人觉得你的威胁不可信，而有时候你不试探就不知道对方的心理底线在哪里。

比如假设我们是两个黑帮的老大，在一个餐馆里吃饭谈生意。你提了个建议，我说不行，你就突然拿枪指着我。我的手下马上行动，有 5 把枪指向了你。下一秒钟，从外面进来 20 个你的人，拿枪指着我和我的手下。

这样的行为有什么意义呢？既然大家都不想

死，为什么不一开始就服软呢？这是因为先升级再服软就不算是小鸡了。我们都证明了自己的勇敢，双方都推动了危机升级，这时候只要有个台阶，我们谈判解决，各退一步，就不算丢脸。

我们知道，古巴导弹危机最终还是和平解决了。苏联撤了放在古巴的导弹，美国也撤了放在土耳其和意大利的导弹。双方都坚持了原则，保全了颜面，双方都可以宣称下次对方再也不敢了。

事实上也真不敢了。因为悬崖策略是非常危险的，它很容易因为出错而变成真的灾难。比如前文那个黑帮老大的例子，房间里那么多人都举着枪，万一哪个心理素质差的小弟手一抖走火了，马上就会导致一场枪战，大家都得死。

美国总统特朗普和众议院议长佩洛西（Pelosi）就在玩这个边缘游戏。特朗普说我一定要修边境墙，佩洛西表示我一定不给你修墙的预算。特朗普说你不给，我就不批准政府预算，让联邦政府停摆。佩洛西说停摆就停摆，结果联邦政府真停摆了。双方你来我往，特朗普也知道政府停摆会造成巨大损失，最终批准了政府预算，但是留了个后手：宣布国家进入紧急状态，动用其他政府资金修墙。之后，特朗普将面临反对者向最高法院提出的起诉。

不管这件事的结局如何，双方都没有示弱，他们在选民面前的形象都保住了。

当然，边缘游戏其实很不好玩，它的危险实在太大。实际上你让对方先出手就已经错了，最好的办法给对方一个威慑，让他根本不敢出手。

③ 什么是威慑

关于什么是威慑，基辛格说过一句话，他说："威慑有三个要素：实力、决心和让对手知道。"

第一，我有实力摧毁你。

第二，我有决心摧毁你。

第三，你得知道我有实力和决心摧毁你。

从博弈论的角度，威慑还有十分重要的一点，那就是双方都不想被摧毁——双方都得是充分理性的才行。

美国和苏联在冷战期间的核平衡就是这样的威慑。核平衡的机制叫做“相互保证毁灭”（mutual assured destruction）。

不管是谁先动手，只要一方动手就一定会摧毁另一方。当然，这一情况双方心里都清楚，如果打核战争，两方都会被毁灭，所以干脆别动手。这就是核威慑。

这个机制可不是说说这么简单。在这个例子中，有实力就意味着一方必须拥有且部署足够多的战略导弹，哪怕对方先动手，也能确保在遭受第一轮打击后手里还有足够的反击力量，将对方的国家毁灭。

但是只有实力没有决心也不行。苏联完全可以这么想：我先发制人，先用核武器摧毁美军的一个舰队，难道美国就会对我进行全面的核攻击吗？那种情况下美国的理性选择仍然是不要打灭国战争，没必要因为损失了一支舰队就搭上整个人类文明啊！所谓有决心，就是美国绝对不能允许苏联这么想。所以美国制定了一个极其武断的核战争政策——发动核战争不需要经过国会讨论批准。总统随身携带核按钮，只要总统和国防部长两个人同意，立即就可以动手。

这是一个非常不稳定的政策，但只有这样才能让对手相信你的决心。核威慑真是恐怖平衡啊！

威慑在日常生活中也有应用。前文提到的避免价格战的例子——一个商家降价另一个就立即降价，商家甚至还会提前把价格匹配的政策公布出去，这其实就是威慑。有能力，有决心，让对手知道，对手就真的不会降价。

博弈通常都不是温情脉脉的，你出手就等于露出了獠牙。不过更常见的做法是不要把局面搞那么僵，给对手一个口头上的威胁或者承诺，效果会更好。我们后面再说。

帅子：

我想起了十年前的一个故事。那时我刚进

一家杂志社工作，正巧赶上老板实施工资改革，从原来的固定薪资改为按稿计酬。编辑们按新制度算了算，发现如果维持原来的工作量每个人的薪资都会略微减少，大家无形中被降了薪。于是大家联合起来抵制改革，并写了联名辞职信，若要改革则集体辞职！很可惜剧情没有按预想的方向发展，双方也没有坐下来谈判，老板只说绝不接受下属的要挟，居然全部批准辞职。最后编辑们丢了工作，这本杂志也从此走向没落。我可不可以把这件事的双方看作是玩了一场看谁是小鸡的游戏呢？编辑这一方算是主动拆下了方向盘，最终还是两车相撞，出现这种结局，是因为预期结果不够惨烈，所以都不愿意丢了颜面吗？对于这件事有没有更好的解决办法呢？

万维钢：

这是一个非常有意思的故事。有些关键的细节我不知道，比如当时这个老板到底有多在意杂志的兴旺，他本人在其中有没有直接的利益，编辑们的工作在多大程度上是可替代的，编辑是不是早就想走了，所以我们没办法评估这个结局对双方来说有多么不可接受。

还有，这个博弈的主要矛盾是什么？老板想要的到底是改革分配方式，还是给编辑降薪？如果是想改革，那为什么不把稿酬提高一点，让大家的收入水平至少跟以前一样呢？按理说稿酬应该比以前更高，才有推动改革的积极性。如果是为了降薪，那对不起，辞职是非常合理的做法。

单纯从博弈论角度来说，编辑一方不应该直接拆方向盘。brinkmanship 的要点在于逐步提高危险，你动一下也给对方动一下的机会，在让冲突升级的同时还保留谈判的可能性。

先与老板谈判，说改革可以，但稿酬标准需要提高。不行，那就明确表示反对改革。还不行，就以休假的名义罢工。再不行，口头提出辞职。再不行，书面正式辞职，但是不翻脸。整个过程中不但不让步，而且还每一次都比上一次强硬，但是是逐步的升级，不一次谈完，分几轮谈，磨而不破。与此同时，换个人或者通过第三方，私下跟对方沟通——要让步必须双方同时让步。工会斗争没有一上来就说辞职的，都是边罢工边谈。

我有个同学辞职了。他在一家金融公司身居高位，现在形势不好公司要给他降薪，他不同意，谈判之后决定辞职。但是辞职归辞职，双方并没有翻脸，公司给了他一笔补偿，而他保证不损害公司的利益。不合作，也不等于变成敌人，纯粹是就事论事。理性人对理性人，这不挺好吗？

俊权：

如果碰到不要命的怎么办？就是要以“死”相搏，那种光脚的不怕穿鞋的……最佳的策略是不是就是让步呢？

万维钢：

的确是这样。博弈论的前提是双方都是理性的。如果一方是非理性的，那么有两种情况。如果另一方不知道他是非理性的，那么非理性的一方最终会损失重大，可能就没命了，可是理性的一方也会遭受损失。而如果理性的一方知道对方是非理性的，那为了避免自己受害，就会选择让步。

所以，做出非理性的样子，让对方知道自己是非理性的，这对自己有好处。理性的人可能会假装非理性。这就是为什么有些人会在公共场合搞哭闹、好像不管不顾一样。

那怎么对付这样的人呢？你应该假定对方是理性的。分析利益格局，如果不是真的已经家破人亡身患绝症丧失了所有活下去的理由，这个人为啥不要命了？闹多半都是故意的。

我们可以借鉴美国一个机场的管理人员对闹事者的处理手段。要点在于你首先要让对方平静下来。要求他必须降低音量、小声说话。你告诉他，有什么诉求咱俩可以谈，但是你必须好好说话，你哭闹我不跟你谈。这是既给压力又给出路。让对方明白闹是没用的。

对方一旦平静下来，他就进入理性状态

了，或者说他就暴露了他是个理性人。这时候再谈，你就不会吃他非理性的亏了。这个办法就是要先说破、并且否定对方的非理性。我目测过，这一招很有效。

其身不正，虽令不从

博弈的出发点是做一个 player，是每个参与者竞相采取对自己最有利的行动。生活中有些人自以为有权力别人就应该听他的，他就应该令行禁止说一不二，这就是没把别人当 player。殊不知，就算你名义上的权力再大，别人听不听你的也要看博弈的情况。

比如假设你是家长，你想让你的孩子做一份课外的数学练习题。因为这不是老师布置的作业，不属于分内的任务，孩子不想做，那怎么能让孩子听你的话呢？也许你可以给他一个许诺，告诉他做完练习可以打一会儿游戏。这个条件似乎公平合理，但是很多时候孩子仍然不乐意。因为他不知道该不该相信你的许诺，毕竟你以前说话经常不算数。

类似这样的事情非常常见。每家商店都可以承诺绝对没有假货，每位考生都可以承诺绝不作弊，每对情侣都可以承诺永不变心，而每个人都知道根本不能把这些誓言当真。

空口说出承诺或威胁要是有用还要枪干什么？但是，反过来说，如果我们能找到一些办法让说的话真的有用，是不是会省下很多麻烦呢？怎样才能让你说的话真的有用呢？

这可是诺贝尔奖得主托马斯·谢林的招牌工作。

1 威胁和承诺

动态博弈有两个基本概念，一个是威胁，一个是承诺。人类自古以来就有威胁和承诺的手段，但是逻辑清晰地把这两个手段说清楚的，还是托马斯·谢林1960年出版的《冲突的战略》这本书。

威胁和承诺都是在博弈双方都没有采取实质性行动之前，一方通知另一方的声明。所谓威胁，就是我要求你不要去做某件事——如果你做了，我就会对你进行惩罚。所谓承诺，就是我要求你去做某件事——如果你做了，我就会给你一个奖励。

威胁和承诺在本质上是一样的，都是我事先说好，会根据你下一步的行动采取某一个相应的行动。这听起来跟大家平时说的威胁和承诺是一个意思，但是托马斯·谢林提出了一个关键的概念——“可信性”。博弈论专家首要考虑的是威胁或者承诺，是不是可信的。

张维迎在《博弈与社会》这本书里举了一个这样的例子。在大学的一次考试中，有一个学生的成绩，按理说教授应该给不及格。但是这个学生私下找到教授说：“你能不能网开一面让我及格，你要是给不及格，我就要报复你，我什么事情都可能做得出来！”这显然是一个威胁。那请问教授应该怎么办呢？

博弈论要求我们首先考察威胁的可信性。如果教授给他不及格，那么当这个学生面对不及格这个既成事实的时候，真的会报复教授吗？不报复，只不过是一门课不及格而已。学生报复老师属于严重违纪，轻则被学校开除，重则被法律惩处。如果这个学生是理性的，他怎么可能因为一门课不及格就敢报复老师呢？所以他的威胁是不可信的。

博弈论说的可信不可信不是指分析学生的人品怎么样，或者他说话的语气像不像说谎，博弈论要做的是设身处地的利弊分析。不可信，是因为“事前最优”和“事后最优”的不一致。

教授打分之前，学生表示你要给我不及格我就报复你，他也许真的很想这么做，但这只是事前最优。等到分数已经确定，不及格是既成事实的情况下，学生的最优选择是接受，不报复——因为报复不符合学生在那个情况下的自身利益。

对头脑清醒的人来说，只有可信的威胁和承诺才有意义。[1]

再举个例子。有位老人的女儿想要嫁给一位男青年，但是老人不同意，威胁女儿说要敢和这个人结婚，就要和她断绝父女关系。

女儿完全可以先分析这个威胁是否可信：自己的父亲和男友之间并没有根本性的冲突，如果结婚已为既成事实，断绝父女关系并不符合父亲的利益。所以这个威胁是不可信的。

那老人应该怎么办呢？难道要去买一本叫《如何说孩子才会听》的畅销书吗？这是没用的。所谓说服力、影响力，一般都是动之以情，只在听不听都对自身利益影响不大的情况下才有用。就像百事可乐和可口可乐的味道差不多，共和党和民主党谁上台对中间选民来说都无所谓，这时谁更有说服力、影响力，谁就会获得更多的青睐。博弈论研究的决策选择不是这种情绪化的东西，而是由利益格局决定的。

为了吸引一个很有潜力的年轻球员签约，俱乐部表示："只要你加入我们队，我们保证你的出场时间！"如果球员的头脑清醒，他就不应该相信这个承诺。因为保证他上场并不符合球队的利益。符合球队利益的情况只可能是谁状态好谁上场。

不可信的威胁和承诺说了也是白说，只会让人觉得你这个人不靠谱。但是可信的威胁和承诺则非常有用。

2 如何说别人才会听

可信不可信，取决于事后的利益格局。只有你事后别无选择，履行自己的威胁或承诺符合你在那个时候的利益，事前最优和事后最优一致，那才是可信的。

可信 = 别无选择。

为了发出可信的威胁或承诺，你必须主动束缚自己的手脚。对此，我大概总结了一下，有三种办法。

第一种是给别人惩罚你的权力。

商业往来中最常见的办法是签合同。甲方给乙方供货，乙方承诺给甲方货款。那甲方怎么能相信乙方收到货之后一定会给钱呢？因为有合同。如果违约，乙方面临的将是更大数目的罚款——所以即便是事后，履行承诺也符合乙方的最优利益。

锻炼身体这件事，本质上是现在的你和将来的你之间的博弈。现在的你立志说："我从此之后每天都要锻炼身体，一定要把体重降下来！"可是将来的你会找到各种借口不锻炼。想要让锻炼的承诺可信，你可以找一个朋友，甚至找一个机构——把一大笔钱交给他/它。你告诉你的朋友或者这个机构："如果半年之后我的体重没有下降10斤，这笔钱就归你了。"这笔钱会大大增加你锻炼的动力。曾经一位经济学家就和他的同事有过按体重增加的斤两算钱的协议，最后他真的收了朋友1.5万美元。

对爱情最好的承诺是结婚。现代婚姻具有法律效力，离婚是要分割财产的。

第二种办法是主动取消自己的选项。

中国人的说法叫做破釜沉舟，英文世界的说法是"烧掉你身后的桥"——我取消了撤退这个选项，现在我们只能前进。这比什么动员演说都有用。

反过来说，你减少自己一方选项的同时，还可以给对手一方增加选项。《孙子兵法》中有一句话叫“围师必阙”，意思是包围了敌人最好要留个出口，让敌人有逃跑的选项。这不是阴谋，而是阳谋。有逃跑的选项，敌人就不会困兽犹斗，我方就能用最小的代价取得胜利。

带兵在外的将领主动切断跟总部的联络，商店宣布价格匹配政策，厂家发行限量版的产品，乃至于结婚要送钻戒，尤其过去结婚还要送彩礼、婚礼要广邀亲朋大办特办，都可以说是用取消自己未来选项的方式提供可信性。

张维迎还说过一个有意思的现象：为什么一个画家死了，他的作品就会升值呢？因为这是一个最有力的承诺：他将来不会再出新作品去跟自己现有的作品竞争了。

第三种办法是建立声望。

如果你是个有信誉的人，那么就算你不提供任何附加的动作，你说的话也是可信的。因为如果你说话不算数，你的名声会受损。

孔子说：“其身正，不令而行；其身不正，虽令不从。”声望最大的好处就是它允许你无须花费任何成本就能提出可信的威胁和承诺。声望受损，就是对你失信最大的惩罚。

而声望是需要积累的，积累声望的过程是一个处处受限、不自由的过程。如果你没有声望，那就只能用前面说的那些办法。

3 博弈论的游戏

总而言之，所有的方法都是通过自我限制来提升自己的可信性。可信的人非常有力量，他说话别人就会听——可以说是自由来自自律，有一种击败叫放任，有一种赋能叫失能。

其实这是一个有点违反人的本性的做法，人在直觉上都是想增加自己的选项，不愿意给自己戴个紧箍。如果我现在要权有权要钱有钱，为什么要主动找一帮人管着我呢？

实行民主的政府，其实有更大的力量。比如发行公债，只有在制度能保证政府如果违约就会受到惩罚的情况下，人民才愿意借钱给政府。政府可能受到的惩罚越大，它的融资能力就越强。所以英国在光荣革命之后的国债规模越来越大，这也保证了英国打赢历次战争。

可是像沙特这样的政府，对人民一贯都是“不问你信不信就问你服不服”的态度，为什么好像力量也很大呢？

按照博弈论的逻辑，答案也许是这样的——

政府之所以要自缚手脚，是为了取信于民。政府之所以要取信于民，是因为它把自己当做player，在跟民众玩一个博弈的游戏。政府之所以要玩这个游戏，是因为民众有想法有力量，是可以独立自主地决定自己采取什么行动的player。

而沙特政府的收入来源是对石油的掌控，沙特政府并不强烈依赖沙特人民。沙特的民众是一盘散沙，沙特没有什么王室之外的、强有力的公司和组织，不具备能跟政府对等博弈的力量。沙特政府根本不需要取信于民，他们之间不存在博弈游戏。

所以归根结底，博弈论是属于player的理论。

问答

张西忘：

大街上有很多环保口号，我认为是错误的，比如“爱护卫生从我做起”。根据博弈论，不管我乱不乱扔垃圾，总有人会乱扔垃圾，每个人都这么想，每个人都可能乱扔垃圾，那么街上就应该有很多垃圾。既然有很多垃圾，就不妨再多我扔的这份垃圾，所以我还是很可能会扔垃圾。所以这句话起不到半点教育作用。请问这种推理对吗？

万维钢：

非常有道理。以前人们做过实验，比如如果在大学里宣传酗酒的坏处，说每年有多少大学生死于酗酒，结果就是学生们会认为酗酒是个普遍的现象，酗酒的人反而更多了。

再比如有些地方的墙上写着“此处不许随地小便”，人们反而认为这就是个随地小便的地方。

有些行为经济学家认为应该改变宣传语，改成类似“真正的哈尔滨人都不乱扔垃圾！”这种激发地域荣誉感的说法。

但是保护环境卫生哪有那么容易。真正解决问题的办法是投入人力物力，让环境变得很好。因为在已经很脏的地方扔垃圾毫无心理压力。但是这个地方明明很干净，要做第一个扔垃圾的人，是非常不容易的。把流着污水的土路铺上漂亮的地砖，每天清洗，才是解决城市卫生的根本办法。

陳勇：

博弈是一个动态的过程，但在任何时刻博弈各方的最优策略已经确定，对理性的人来说，一个博弈的最终结果不是从一开始就是确定的嘛！既然这样，为何大家还要博弈呢？

万维钢：

博弈动作发生在纳什均衡达成之前。如果

现在的局面已经是均衡的了，那的确就没什么可博弈的了。事实上我们生活中大部分事情都是均衡的，我们并没有一天到晚跟人博弈。

但是均衡随时都有可能会被打破。比如一个部门的权力格局本来已经均衡了，这时候突然空降了一个高管，或者突然有一个高管退休了，均衡就会被打破。

在理想情况下，新的局面刚刚出现，所有相关信息就已经被各方参与者知晓，各方迅速计算出了新的均衡点，那就会非常平稳地实现过渡。表面上看没有什么博弈动作，但这其实也是博弈，了解自己的位置本身就是博弈的结果。

如果有很多信息不明确，各方就会采取一些试探性的动作，包括威胁和承诺、讨价还价，这些都是博弈。只不过大多数情况下，博弈都体现在谈判上，不必大动干戈。

聪明人真没必要大动干戈。诸葛亮有句话是“智者先胜而后求战，暗者先战而后求胜”。聪明人在头脑里模拟战争就足够了。

但是聪明人也要做各种博弈动作。比如你考取了一个关键的证书，这就增加了你的博弈筹码，别人就得重新给你安排位置。可是如果你没有证书，别人不会先给你安排位置。如果只有一个位置，先有证书的人可就把位置抢走了。

现在中国并不对外打仗，但是要有备战的动作。不能说我们勤劳勇敢的中国人随时可以成立一支强大的军队，所以你们不要欺负我们——要知道成立军队是需要时间的。已经有军队是一种博弈，没有军队就是另一种博弈。

有些聪明人会不自觉地把“我能”当成“我有”，以至于就不屑于去做这件事情。其实“能不能”和“有没有”是两码事。

先发制人，就是要把我们的“能”变成“有”，把对手的“能”变成“不能”。

不过不一定所有局面都是先发有利，有时候后发反而有好处，我们后文再讲。

后发优势的逻辑

前文介绍了先发制人的好处，但是生活中也经常有“后发优势”的说法。那到底什么时候应该先发，什么时候应该后发呢？

人们通常都是力争先发的。你首先采取行动，造成既成事实，会让对手很被动。

记得我小时候，大家把所有的易拉罐饮料都叫做“健力宝”。健力宝率先占领了人们对易拉罐饮料的认知，以至于会让你犯语法错误。先发的品牌可以统治甚至定义一种产品。以前人们曾经将所有随身听音乐设备称为“walkman”。现在在机场过安检，工作人员不会说让你把“平板电脑”从包里拿出来，而是说把“iPad”拿出来。

也许现在就有很多人，不把用手机看短视频叫看短视频，叫“看抖音”；不把用手机听课叫听课，叫“听得到”……

20 世纪 90 年代，春晚刚刚有小品这类节目的时候，活跃的小品演员有赵本山、潘长江、蔡明、宋丹丹……现在的春晚舞台几乎还是他们的。难道 20 多年来就没有新的好演员了吗？不是。这是因为如果某个地方的资源就只有这么多，那显然是先到先得。先发者抢占技术专利和标准，抢占市场份额，甚至抢占消费者的观念。

如果先发有这么大的优势，别人又怎么能后来居上呢？特别是对于中国在过去几十年的进步，很多人都说这是因为中国有“后发优势”。那后发优势又是什么呢？

1 后发者优势的博弈

先说一个最简单的博弈游戏。[1]甲乙两人手里各自拿着一枚硬币，轮流把硬币摆在桌子上。游戏规则是如果两枚硬币是同一面朝上，则甲取胜；如果两枚硬币是不同的面朝上，则乙取胜。

这个游戏显然是谁后出手谁赢。甲要是先出手，不管他摆正面还是反面，乙总可以摆跟他相反的一面，反之亦然。

像五子棋和不贴目的围棋比赛中，先走的一方有很大的优势，但是也有一些项目是后走的一方有优势。比如德州扑克就是个典型的后发优势项目。[2]

在德州扑克中，一把牌的每一轮，都是从发牌的人开始，按照逆时针的顺序每个人依次决定是否下注。玩家对自己的位置非常敏感。先加注的位置是不好的，因为这个位置的玩家完全不知道别人手里牌的好坏，面临很大的不确定性。后下注的位置则具有信息优势。如果前面有人加注，那他手里很有可能是好牌。甚至有些情况下，前面的人感觉自己的牌不好还可能直接把牌合上放弃这一局，后面位置的玩家坐着不动就赢了。

先下注的打法是防守，后下注的打法是进攻。同样的两张牌，如果玩家的位置靠前就不一定是好牌，可能应该选择合上牌退出；而如果玩家的位置靠后，就可能应该主动加注。

德州扑克是个关于信息的游戏，这个道理跟硬币博弈是一致的——先发者暴露信息，后发者利用信息。

2 领先者应该模仿

这里说的先发和后发，是指面对同一个局面谁先采取新动作。有时候局面的领先者反而会选择后发。一个著名的例子是美洲杯帆船赛上真实发生过的故事。[3] 比赛总是两条船之间进行竞争，要比很多轮。有一轮一开始是美国队领先，它的对手澳大利亚队决定冒个险。

帆船比赛受风的影响很大，而海上同样一个航道，左侧和右侧的风都可能不一样。澳大利亚队从航道右侧换到了左侧，希望能遇到更有利的风。

帆船界的标准操作，是领先者模仿落后者。落后者变到航道的哪一侧去，领先者就应该跟着过去，这样两者的风向相同，可以保证领先者一直处于领先地位。落后者不得不先采取行动，领先者要后发跟随。

可是美国队的队长不知道是怎么想的，竟然没有下令跟过去——结果澳大利亚队的运气果然好，左侧的风帮他们后来居上，美国队痛失比赛。

这个道理是如果你已经领先，就不要主动冒险了。应该让落后者先发起不确定性。落后者不改变打法就一点机会都没有，他想赢就必须冒险——而领先者只需跟随就行。

占据市场主导地位的大公司通常不愿意先做一些特别激进的创新，它们觉得维持现状很好无须折腾。激进的创新往往是小公司发起的。而面对激进的小公司，大公司如果觉得它的新打法可能会威胁到自己，其实也很容易应对。

一个办法是干脆收购这个小公司。Facebook

（脸谱网）就是这么做的。Instagram（照片墙）是个新打法吗？WhatsApp（瓦次艾普）是下一个Facebook吗？直接收购它们就行了。还有一个办法是直接模仿小公司。如果这个新打法这么好，作为拥有更多人力、财力和忠实顾客的大公司，它们一出手就没小公司什么事了。

这是一个让小公司非常难受的博弈局面，不创新就一点机会都没有。生活中也是这样，如果一家有两个孩子，老大就通常比较稳重，而老二常常比较叛逆。这是因为老大是既得利益的领先者，无须创新。老二要是不激进一点就没有存在感，就得生活在老大的阴影之下。

可是小公司创新，又可能被大公司模仿，造成领先者具有后发优势的局面。比如如果把网上的段子放进小品里也算是一种创新，那蔡明为什么不能也学着讲段子呢？

按照这样的逻辑，领先者岂不是稳赢了吗？落后者如何才能后来居上呢？

③ 模仿和创新

落后者作为上一轮的后发者，也有模仿的方便条件。

主动创新是有风险的——你根本不知道这个技术可不可行，不知道产品做出来会是什么样，不知道到时候消费者能不能接受这样的服务，面对的不确定性太多了。创新本质上是一场赌博。投入巨大的人力物力，最后可能什么都得不到。

20 世纪 90 年代初活跃的那些第一代互联网公司，现在基本上都死了。Facebook 不是第一个社交网站，Amazon（亚马逊）不是第一个在网上卖书的，Google（谷歌）不是第一个搜索引擎。先发者要是占不住市场，它的唯一价值就是给后发者提供宝贵的信息。

先发者暴露信息，后发者利用信息。这些信息包括成功的经验和失败的教训。后发者至少可以知道哪条路肯定走不通，哪个方向有可能是正确的。后发者不必再做那么多尝试，先发者已经替他们交了学费。模仿一个技术比直接研发一个新技术要便宜得多。哪怕你有专利保护，那我借鉴你的思路总可以吧？

但是落后者不能一直模仿下去，仅靠模仿是不可能让自己领先的。现在有些人认为中国经济的高速增长完全是因为模仿了西方——这怎么可能呢？如果说华为是模仿思科，那它后来是怎么超过思科的呢？

模仿的确是落后者的方便条件，因为可以少走弯路。但是从逻辑上讲，模仿，最多只能做到和别人一样而已。想要超越别人，必须得有领先者没有的东西才行。

再来看看后发优势到底是什么。

前文提到的硬币博弈中，仅仅知道先发者摆的是哪一面，还是不行的。关键在于到了这一轮，后发者有权选择摆出相同或相反的一面——后发者拥有这个主动权，而先发者没有。

德州扑克也是如此。后发者不但比先发者更了解场上的形势，而且在后发者还有出手权的时候，先发者已经没有出手权了。

因此，后发优势 = 先发者的信息 + 后发者的出手权。信息是模仿机会，出手权是创新机会。

我们看看中国在经济增长中的出手权是怎么用的。

首先，中国有一个外国公司无法轻易进入的巨大市场。哪怕中国加入了世贸组织，在很大程度上开放了市场，外国公司也不容易进入。这是因为中国有自己独特的文化和消费习惯。在适应中国市场、了解中国消费者方面，中国公司占据了天生优势。这是中国公司的一个出手权。

其次，中国有大量聪明而又勤奋的劳动者，还有很好的基础设施，而很多发达国家没有。这是中国的另一个出手权。

最后，中国政府喜欢实施“产业政策”，也就是由政府出面，重点扶持某个产业。产业政策是著名经济学家张维迎和林毅夫争论的焦点，但是我们从后发优势的视角来看，产业政策好不好，其实跟国家在国际竞争中的相对位置有关。如果国家现在是技术领先者，根本不知道下一个技术进步的方向在哪里，那实施产业政策就是政府在乱花钱。但如果国家现在是技术落后者，明确知道先进技术的方向在哪里，产业政策就是最快速的模仿方法。产业政策是有中国特色的模仿。

也许这些才是中国少走弯路，甚至形成弯道超车的真正后发优势。那发达国家作为领先者，为什么不主动模仿中国特色的打法呢？答案当然是想模仿也模仿不了。有些出手权只有中国才有。

甚至在很多情况下，领先者就算有出手权也不用。成功的大公司是非常不愿意做出战略改变的。因为资源只有这么多，如果投到新方向上去，原来最赚钱的核心业务就必然会受到伤害。它们会假装那些新冒出来的小公司都成不了气候。改变战略是很难受的事情，所以那些大公司宁可眼睁睁地、但是是舒服地，让出航道。

先发优势在于占领，后发优势在于信息和此时才有的出手权。如果先发者能占住优势，后发者只能被迫创新，那么这时候先发者的正确做法是模仿后发者——可是因为各种原因，先发者常常做不到。

学习前人经验可以让你少走弯路。但是如果你想赢，想超过前人，那就必须得有一个前人没有的超车动作才行。

正是因为在先发者和后发者的博弈中，谁也不能保证一直领先，这个世界的剧情才是你追我赶，能让竞争永远进行下去的。

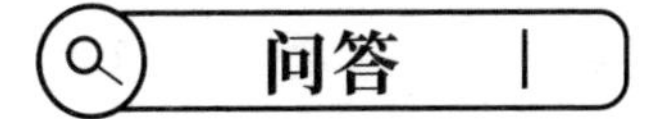

zero:

历史上第一个造反的，很少有成功的，这也算后发优势的一种情况吗？

万维钢:

先发优势的关键在于占领。造反要想成功，就必须占领权力的关键资源，比如枪和钱。历史上大多数造反者大约是“官逼民反”模式，是被动而不是主动，是突发而不是谋划。时机不成熟，没有强烈的占领能力和占领意识，结果牺牲了自己也只是把局面搞乱，给后人提供了信息和出手权。

但如果时机合适，争夺权力绝对是一件先下手为强的事情。所谓时机合适就是当前出现了权力的真空。可能是之前的领导人非常不得人心被逼下台了，也可能是他去世了但没安排好继承人，也可能是烽烟四起但各路造反者没有公认的领袖。总而言之，在这个时刻，没人掌控国家权力。

这时候速度就是一切。有好几股势力都在争夺权力，谁能先抢到关键资源谁就胜出，而结局往往有很大的偶然性。布鲁斯·布恩诺·德·梅斯奎塔和阿拉斯泰尔·史密斯（Alastair Smith）的《独裁者手册》（*The Dictator's Handbook*）这本书提出一个模型，说这就好比房间里有 100 个人，谁只要能先说服 5 个有枪的人支持自己，谁就能统治房间里的所有人。

我们看中国历史上争夺皇位成功的人，比如明宣宗朱瞻基、清朝的雍正，虽然可以说在法理上占据正统继承权，但是夺位成功的一个重要因素也是前任皇帝死亡的时候，他们各自的强力竞争对手——朱高煦和康熙的十四阿哥胤禵恰好不在权力中心，给了他们宝贵的先发占领权。

对文明程度不发达的小国来说，争权者率先占住钱和枪就足以实现独裁了。但是对于近代中国这样的文明国家来说，名义和人的观念也是需要占领的。戊戌政变之后慈禧曾经想要废掉光绪皇帝，两江总督刘坤一说了一句“君臣之义已定，中外之口难防”，就是说光绪帝已经占领了人们的认知，你可不能轻易动他。

这就好比说，一个没有根基的普通姑娘要是嫁给了霸道总裁，那就一定要多跟着总裁在各种活动中出镜，要得到总裁的亲友们的认可，要在董事会刷存在感，越高调越好。

真正的“诡道”是随机性

前文论述过《三十六计》不可靠的原因，那《孙子兵法》如何呢？

《孙子兵法》确实是一本实实在在的用兵战略总结。但《孙子兵法》并不神秘，它的思想，比如“知己知彼”“国之大事”“多算胜，少算不胜”“君命有所不受”，在今天看来都已经是常识性的认知。《孙子兵法》中包含了一些朴素的博弈思想，比如“围师必阙”，就是我们前文提过的增加敌人的选项。

之所以说它朴素，是因为现代博弈论比《孙子兵法》要高级得多。

比如《孙子兵法》中有这样一句话："兵者，诡道也。故能而示之不能，用而示之不用……"它的意思很简单，就是不能让敌人知道你的战术意图，你要迷惑对手。这个道理固然没错，但迷惑对手，就得像这句话中说的那样，一直说反话吗？

1 诡道的悖论

我上中学的时候喜欢踢足球，我是一个守门员。虽然我的技术不怎么样，但是我知道一些理论：罚点球的时候，球到达球门只需要不到 0.3 秒，守门员不可能在这么短的时间内反应过来，所以只能事先赌一个方向。点球，是守门员和射手之间的博弈。我还听说，守门员可以通过射手的眼神判断他射门的方向。

有一次踢球，我们队被判了点球。罚球的那个人是什么长相、这个球最后被踢向了哪里、有没有罚进，我都忘了，但我清楚地记得他的眼神。他的眼睛不停地瞄我右侧的方向。按理说他是想朝右边踢，可是我突然多想了一步。

我知道守门员应该看眼神来判断方向，那他是不是也知道？他会不会是故意往右边看，实际上是想往左边踢呢？又或者说，他会不会也想到了我能想到他的诡计，然后将计就计，还是会往右边踢呢？

我参加了一次真正的博弈。罚点球是一个可以欺骗对手的游戏。这种博弈也是博弈论的鼻祖冯·诺依曼当年研究的东西，不过他研究的是打扑克。

在德州扑克中，最基本的操作是如果手里的牌好，就应该加注；如果牌不好，就应该合上牌退出。但打牌这么老实可不行——对手一看你加注，就知道你手里拿着好牌了，他就不会跟了，这样你怎么能赢很多钱呢？所以，必须得迷惑对手才行。

打牌，一定要善于虚张声势。中文大概叫“诈”，英文术语叫“bluff”。有时候你手中的牌明明不好，也要假装牌好，选择加注。可能对手被你吓住就不跟了，你就赢了。但更重要的是，只有让对手知道你在牌不好的情况下也会加注，他才会不知道你加注代表牌好还是牌不好，他才可能在你因为牌好加注的时候也跟。所以有时候即使你的牌特别好，也要假装牌一般，谨慎地加个小注。

想向左边踢，就故意往右边看；明明不能，但是让对手以为你能——这不就是“能而示之不能”的《孙子兵法》吗？

但是冯·诺依曼比《孙子兵法》多了一个洞见。冯·诺依曼说，你既不能有好牌就加注，也不能有坏牌就加注。你既不能往左边踢就往左边看，也不能往左边踢就往右边看。只说谎话就等于只说实话，对手只要反着听就行了。

冯·诺依曼说，想要真的迷惑对手，必须把谎话和实话混合起来。

2 混合策略

前文提到的各种博弈，你最终总是选择确定的一招，这种情况叫做“纯策略”（pure strategies）。前文介绍过纯策略的纳什均衡。

但是现在我们考察一下点球博弈。比如射手往守门员的左侧踢，守门员也往左侧扑，这个局面是纳什均衡吗？显然不是。在这种情况下射手会想改变策略，往右侧踢。同样的道理，如果射手往左侧踢，守门员往右侧扑，守门员又会想要改变策略。无论是哪一种组合，攻守双方总有一个人想要单方面改变自己的策略……所以点球博弈中没有纳什均衡。严格地说，是“没有纯策略的纳什均衡”。

因为没有纯策略的纳什均衡，所以博弈论不能告诉射手应该怎么踢才能踢进。但是，如果射手要参加很多次罚点球，博弈论就可以给他一个指导，帮助他用一个系统取胜。博弈论要求他使用“混合策略”（mixed strategies）。

所谓混合策略，就是不能一直往同一个方向踢，应该按照一定的概率，有时候往左边踢，有时候往右边踢。

你可能会认为，这不是显然的吗？还用得着博弈论吗？但是请注意，这里面有个大学问——应该以多大的概率往左踢，以多大的概率往右踢呢？

假设射手向守门员左侧踢有时候容易踢偏，所以他更喜欢往右踢。那他能不能以一半的几率往右踢，一半的几率往左踢呢？不行。如果他这么踢，守门员就会坚决扑向右侧！因为左边更值得交给运气。按照这样的踢法，虽然射手的每一脚都不可预测，但是他有一个非常明显的统计趋势可以被对手利用。

正确的策略应该是：射手首先要考察自己向左踢和向右踢进球的概率分别是多少，然后合理搭配向左踢和向右踢的几率，以至于让守门员不管是扑向左边还是扑向右边，进球的概率都是一样的。

也就是说，射手的混合概率选择，应该把对手能得到的最大报偿最小化。在这种情况下，因为守门员向左向右都一样，他就没有什么确定的好办法。冯·诺依曼证明，这是对射手最有利的混合策略。这个结论，叫做“最小最大值定理”（minimax theorem）。

这是博弈论的一个基本定理，它涉及非常复杂的数学，在此就不细说了。但是这个精神是容易理解的——

第一，要按照一定的概率，混合自己的打法。

第二，混合打法的这个规律，必须是对手无法利用的。

只说实话不行，只说谎话也不行。在 90% 的情况下说实话，10% 的情况下说谎话，也不一定行，因为对手还是可能根据听实话和听谎话的实际报偿，决定一个最佳应对策略。必须用最小最大值定理计算出一个实话和谎话的最佳配比才行。

后来约翰·纳什进一步证明，所有的博弈，不管有多少参与者，都至少存在一个纳什均衡——或者是纯策略纳什均衡，或者是混合策略纳什均衡。不管你玩的是什么游戏，博弈论总能给你帮助。

一个理性的守门员和一个理性的射手玩的点球游戏，必定是双方各自使用自己的最佳混合策略。谁不用这个混合策略，谁就会被对手抓住破绽。

《三国演义》“煮酒论英雄”这一段中，曹操向刘备说了一番“龙之变化”。曹操说：“龙能大能小，能升能隐；大则兴云吐雾，小则隐介藏形；升则飞腾于宇宙之间，隐则潜伏于波涛之内……龙之为物，可比世之英雄。”

曹操说的这番话就有点像最小最大值定理。**英雄做事，必须完全没有可以被敌人利用的规律。**

3 真随机的好处

你可能会觉得这样要求太高了，难道罚点球之前还要做个计算吗？是的。如果你要罚的这些点球都价值千金，计算就是值得的。事实上有人统计了 1995 年到 2012 年间职业足球比赛中的 9017 个点球，发现这些真实比赛中的点球结果，和最小最大值定理要求的混合策略纳什均衡，高度一致。[1]

我们大约可以说，职业球员有一种很好的比赛感觉，他们知道怎么样才能最大限度地迷惑对手。而且近年来，有很多球队已经在使用专门的软件工具分析对手和计算自己的策略。比如我们在世界杯期间经常听到这样的报道，点球决胜的时候守门员手里有个纸条，上面写着对方射手最可能的射门方向。我相信纸条上的建议绝对不是对方射手最擅长的方向，而是一个全面考虑的混合策略。

更了不起的是，同样的研究还表明，职业球员还执行了相当不错的随机性。

人类非常不擅长执行随机性。比如我要求你以左、右分别是 40% 和 60% 的概率踢点球，你会怎么安排呢？先踢往左踢 4 个，再往右踢 6 个吗？还是按照“左右左右左右”交替，再在中间多安排几个右呢？从统计角度看，这些安排都太整齐了，非常容易被人利用。一般人想到随机性，会强烈地以为应该交替进行。比如射手前两次罚点球都踢向了左侧，这一次就可能非常想踢右侧——而如果射手有这个心理，对手就可能会利用这一点，接下来就会重点防守右边。

唯一正确的做法，是执行真的随机性。比如射手可以随身带一本书，每次罚点球之前随便翻开一页，如果页码的个位数是 0 到 3 之间就踢左边，如果是 4 到 9 之间就踢右边。

有人考察了都是业余选手参加的“石头剪子

布”比赛——真有这样的比赛——发现业余选手的特点恰恰就是出手不够随机。[2] 他们在原则上可以被人用概率论系统性地打败。

不是真随机，就会被破解，这个道理和密码学是一样的。卓克老师在得到 App 有个课程叫《密码学 30 讲》，其中专门说过这个道理 [3]。

随机性，才是真正的“诡道”。这个原理有很多应用。

比如打网球。如果你知道对方的反手比较弱，是不是就应该一直给他回反手呢？不行，那样的话他就能预测你的回球了。就算你知道他喜欢正手，也得按一定的概率给他回正手，你必须使用混合策略。而职业网球选手真的做到了随机性非常好的混合策略。他们当然不会随身携带一个随机数发生器，但是他们比业余选手更随机。

再比如在足球和篮球比赛中，如果你们队有个特别能得分的球星，那是不是应该一到前场就把球交给他呢？不行，那样的话你们队的战术就是可预测的，对方防守球员就会重点盯住你们的球星。球星再厉害，你们的队员也必须以一定的概率将球传给别的球员。事实上球星在前场很大程度上起到的是牵制对方防守兵力的作用。

工商局检查产品质量也好，交警查违章停车也好，一般都是抽查。这个抽查可不能有规律。如果固定在每天下午 14:00 查停车，别人就会躲过这个点。最好的办法是随机抽查。

据说慈禧太后吃饭从来都不是只吃一盘菜，而是面对几百盘菜随机地选择，每样大概只吃一口，以至于那么多年人们依然不知道她爱吃什么——这样别人也就不容易在她的饭菜里下毒了。

还有，在“田忌赛马”中，想要避免被田忌算计，齐威王的最佳策略也是随机安排出场顺序。事实上现在的团体比赛根本不可能让一方先确定出场名单，然后给另一方田忌赛马的机会。

混合策略不是阴谋而是阳谋。专门说谎话是搞阴谋，可是阴谋是能够被识破的。如果使用混合策略，就算把决策方式告诉对手，他也没办法破解。阳谋不怕被识破……归根结底，大家都是纳什均衡的奴隶。

问答

段公子：

是不是可以说，“阳谋”才能有纳什均衡，“阴谋”就没有纳什均衡？“阳谋”中有好的信息对称，player之间几乎是平等的，而“阴谋”就缺这些，所以暗度陈仓、火烧赤壁这样的玩法很难有第二次，因为它们是不平衡的。我是软件工程师，开源社区有个理念叫越开放越安全，但反对开源的人也会说代码都开放了当然不安全，经常让企业领导很纠结要不要开源开放。这是不是说开源社区理解了“阳谋”的厉害，算是在追求一个光明的纳什均衡？

万维钢：

点球博弈中你必须选择一个方向，而你不管怎么选，对手都可能猜中，所以没有纯策略纳什均衡。你说的这个软件博弈中，如果软件有个漏洞是可以被人利用的，而敌人想要获得这个信息，这个博弈跟点球选择方向的博弈还是不一样的——因为我们可以选择不说话。

在这个破解和防破解的博弈中，我们选择保密，敌人选择不断地试探，这就是一个纳什均衡。你不会想主动公开，敌人也不会停止试探。事实上我们看到安全领域这种保密和试探的对决就是长期普遍存在的。

像这样对关键信息保密不算搞阴谋。因为对手知道你的策略是什么，他只是不知道你保密的那个信息而已。阴谋，在我理解，是你指望对手根本不知道你在用哪个策略。

而开源则是一种完全不同的博弈。开源不是泄密，开源软件的好处并不是它把漏洞放在阳光下让对手能够看到——而在于整个社区人人都可以出力弥补这个漏洞。开源软件安全是因为它已经被众人给完善了。但是从开源到完善需要一个过程，需要社区有人愿意参与，大家一起把它做好。

所以从防止被漏洞伤害的角度来说，开源是一个治本但是不治标的办法，保密则是一个治标但不治本的办法。我认为实力强大的公司应该自己开发一个质量过硬的软件，自己在内部测试好，先不要开源；实力弱小的公司则应该直接使用已经开源的软件。

怎样筛选信号

“学而时习之，不亦说乎”中的“习”，一般被理解成复习和练习，我觉得不太对。我们知道刻意练习并不好玩，因为它要求人必须在枯燥、孤独和挫折中提高。我赞赏的一个解释是，“习”应该代表实践，是学以致用。本来谁都打不过的人，在学了几个绝招之后，学以致用，指哪打哪大杀四方，这才叫“不亦说乎”。

博弈论是一门可以“学而时习之”的学问。我们学习了一个博弈局面之后要举一反三，像使用成语典故一样，在各个领域发现它的影子。

有时候看起来非常不一样的几件事情，背后可能是同一个博弈原理。比如下面这几件事。

一个是广告。新品牌要推广自己，它们打广告的行为我们完全可以理解，可是像奔驰、宝马这样的品牌，可以说早就妇孺皆知了，为什么这些公司还要年年都花那么多钱做广告呢？

一个是上大学。我们在工作中真正用到的知识，大部分都是在工作现场学到的。大学里大部分课程的知识不仅在工作中用不上，而且难度还挺大。事实上很多人就算不上大学也能把现在的工作做得很好。那人们为什么非得上大学呢？

一个是吹捧文化。有些明明挺体面的人，为什么要在公开场合那么肉麻地吹捧领导呢？难道他们不知道那样很可笑吗？

这三件事的共同特点是都很贵——或者花的是金钱，或者花的是时间，或者花的是脸面——但又都没什么直接用处。在博弈论看来，人们做这样的事情，都是为了解决信息不对称。

① 怎样让信息可信

一种常见的博弈局面是一方参与者知道一个关键信息，而另外一方不知道。一方强烈地想让另一方知道他的信息，但是又怕对方不相信。一方强烈地想知道对方的信息，但是又怕对方说谎。

这就是“信息不对称”。比如你有一个产品，你知道这个产品绝对是好东西，可你跟消费者说这是好东西没用，因为所有商家都说自己卖的是好东西。而另一边，消费者也很想买个好东西，可又不知道该相信谁。

经济学家乔治·阿克洛夫（George Akerlof）就因为用数学语言说明了信息不对称会导致旧车交易市场的失灵而获得了2001年的诺贝尔经济学奖。但是你可千万别认为听上去以这个主题获得诺贝尔奖还挺容易的，要知道那一年经济学奖的主题虽然是“信息不对称”，但是发给了三个人，同时得奖的还有约瑟夫·斯蒂格利茨（Joseph Stiglitz）和迈克尔·斯彭斯（Michael Spence）。

斯蒂格利茨认为既然市场失灵，就应该指望政府，必须让政府检查产品的质量，惩罚质量差的商家。斯彭斯则认为，其实市场也有自己的办法，他提出可以通过“发信号”（signaling）解决这一问题。只靠说别人可能不信，这时就可以采取一些行动。

比如商家为了让消费者相信自己卖的二手车是好车，可以提供保修合同。这个动作的特点是只有在这辆车是好车的情况下，商家这么做才对自己有利。只要车好，这个合同就完全不会让商家受损失。要是车不好，商家承诺保修就等于自己害自己，将来要花很多钱给消费者修车。

像这样的动作就是发信号。信号不是说出来的，而是做出来的，而且必须是只有在信息是真实的情况下，这么做才是合理的才行。

为什么名优产品也要花很多钱做广告？在这个问题中，“很多钱”是关键词。比如莆田系医院也要做广告，但是它只能花小钱在百度做，可不敢花大钱上央视做。因为消费者上一次当就不会再来了，一次广告费就只起一次作用。更重要的是，劣质服务的要点在于既要有一定的知名度，又不能让知名度太高，稍微高调一点就可能成为恶名，被有关部门查处、被消费者唾弃。而一个品牌既然敢花那么多钱做那么高调的广告，就说明它做的是长期生意，口碑经得起考验——所以虽然是广告，却是一个可信的信号。

为什么要上大学？因为没有足够才能的人上不了大学。

为什么要公开吹捧领导？因为只有公开吹捧到个人形象已经不可挽回的程度，才能证明你的忠诚。

这些都是信号。

当然，还有一种动作叫做“反信号”——特别厉害的人，因为无须证明自己，会刻意保持低调。

这些套路你可能已经比较熟悉了，下面我们重点介绍斯彭斯从发信号引申出来的一个学说。这个学说研究的是如果别人没主动发信号，你怎么让他发一个信号。

② 逆向选择和正向选择

保险业有个根本性的困境：来投保的，按理说是最需要保险的人；而最需要保险的人，恰恰是保险公司最不想要的人。

比如医疗保险。如果我非常健康，我认为自己未来这一年几乎不可能得病，我很可能就不想买这一年的医保。只有那些身体弱甚至本来就患病的人才会愿意一直买医保。既然买医保的大都是病人，保险公司就不得不提高医保费用。可是医保费用提高了，健康的人就更不愿意买医保了。这个恶性循环叫做“逆向选择”——你选出来的，都是你不想要的。

要解决这个问题，一个思路是把保险变成强制性的。奥巴马的意图就是要在美国设置全国所有人必须参加的医疗保险。但特朗普认为这不合理，因为这不符合自由市场的精神，你怎么能强迫一个人买保险呢？

另一个思路是对患病的人多收点钱，对健康的人少收点钱。可是如果保险公司明文规定这么做就等于是歧视病人，会招惹道德上的麻烦，而且每个投保的人是不是真的健康很难判断。

但是有一个办法，可以让客户自己暴露他的健康状况。这一招叫做“信号筛选”（screening）。

美国私人公司提供的医保计划通常有好几个选项，这些选项基本上可以分成两类。第一类是每个月要交的保费低，每年看病总共需要自己掏的钱的上限也低，但是你每次看病要自己花的钱比较多。第二类则是每个月的保费比较高，每年自己花钱的上限也高，但是每次看病要花的钱比较少。

如果你是个很健康的人，根本没打算去医院，显然你会选第一类医保。不仅保费低，而且万一得了大病自己出的钱还少。可是平时身体不太好的人却会选择第二类，因为他们经常去医院，更希望每次看病花的钱少。当然，保险公司对第二类投保者的惩罚是他们要交更高的保费，而且万一得了大病自己要出更多的钱——可是第二类投保者自愿接受了。

这就是信号筛选。保险公司没有直接询问谁是病人，每个人自己通过对选项的选择发出了信号，然后被自动区别对待了。

③ 信号筛选种种

只要你有这个博弈的眼光，信号筛选简直到处都是。

比如信用卡公司有个叫“余额代偿”的手段。也就是说假设你在其他信用卡公司欠了钱，你可以把这笔余额转移到我们公司来，我们公司会给你更低的利率，甚至可能前几个月你可以暂时不还。这一招并不仅仅是为了吸引新顾客——更是筛选有价值的顾客。

信用卡公司的顾客可以分成三种。第一种顾客量入为出，每个月用信用卡花多少钱，月底出账单的时候就按时还上，信用卡对他们来说只是一个方便的支付手段而已。信用卡公司在这些人身上基本上赚不到钱，从商家收的一点手续费可能只够管理费用。第二种顾客把信用卡当做一个分期付款手段。他们会有一笔很大的支出，然后慢慢还。第三种顾客是把自己的信用额度一次性花光，刷了卡就不打算还钱的人。

只有第二种顾客能让信用卡公司赚到钱。会使用余额代偿服务的恰恰也是第二种顾客，因为第一种顾客没有余额，第三种顾客没打算还钱。余额代偿是一个正向信号筛选的有力手段，能把别人最优质的顾客抢过来。

为什么申请美国大学要填一个那么复杂的申请表、弄那么多麻烦的手续？因为这样才能把真的认为自己有机会、同时又有诚意的学生筛选出来。事实上，我听说美国有不少高中生明明符合获得一个大学助学金的条件，但是居然就没有申请这个大学的助学金——因为他们懒得填表！

最普遍的信息筛选手段是价格歧视。买同样一个商品，如果顾客能让商家赚 20 元，商家很乐意；但是如果有顾客能让商家赚 5 元，商家其实也乐意，但商家不能明目张胆地看谁钱多就要高价。

解决这一问题的办法就是区别定价。咖啡要分成中杯、大杯和特大杯，软件要分为学生版、家庭版、专业版和企业版。其实综合考虑地段、人工和研发费用，不同杯不同版的成本几乎是一样，或者就是完全一样的，只是想卖给有不同付费意愿的人而已。

掌握这个眼光后，你会发现信号筛选到处都是。而没有这个眼光的人可能很难理解这一切。花那么多钱请明星做广告难道不是社会资源的浪费吗？大学为什么不教点实用的东西？商店玩那么多花样做什么？有这些疑问的人很爱思考，但是全都没想到点子上。

市场信号理论是20世纪70年代才发展出来的，纳什均衡是20世纪50年代才被明确提出的概念，难道此前的人类社会中就没有均衡态和发信号的现象吗？当然不是。

身为一个局面的参与者，未必能洞察这个局面。身处一个时代，未必能理解这个时代。你不得不做了理性的选择可是又充满困惑，你觉得社会不对可是又说不明白哪里不对。“学而时习之，不亦说乎”，人不学习行吗？

问答

阿哲：

几乎同样的商品以不同的价格卖给不同的消费者，但是消费者如果知道的话，这又会影响消费者对商家的信任，反而影响商家利益，请问均衡点在哪里呢？

万维钢：

均衡点就是既要区别定价，又不能做得太明显。你不能明目张胆地给一部分顾客一个定价，给另一部分顾客另一个定价，表面上一定得人人平等。只要你说出一个价格来，任何人来买你都得卖给人家。

据我所知，亚马逊曾经搞过直接的区别定价的小动作。因为亚马逊是网上购物，它的确可以做到给每个人一个不同的价格，反正顾客互相之间也不能直接看到。它可以通过一个顾客的购买记录来判断他的价格承受能力。但是，这是一个丑闻。我听到的故事是亚马逊这么做被抓到了证据，它马上发表声明说那只是在做实验，而且还把多要的钱退还给了顾客。

亚马逊的商品价格波动很大，有时候两个人在不同时间看到的价格不一样，可能会感觉自己被价格歧视了。但是我不相信在同一时间，两个顾客在同一个购物网站上会看到不同的价格。消费者一旦知道网站可能这么做，就会采取各种应对措施，其实对网站没什么好处。

商店把商品强行分类，比如咖啡分成中杯、大杯、超大杯，软件分成学生版、专业版等，我们说这些分类的区别小是对商家的成本而言，对顾客来说中杯的量就是比超大杯少了很多，学生版的功能就是不如专业版全面。不然的话大家就都买中杯和学生版了。

商家其他的办法也都是这样，像给学生和新用户一个优惠，给特定人群发一些折扣券，总能找到各种正当理由，让你挑不出毛病来。

如果你钱多，你就算知道有折扣券这种东

西存在也没时间去收集那些折扣券，你不在乎什么时候打折，你就已经相当于把自己暴露出来，还自动出个高价，你不会抱怨。这和商店直接给你一个比别人高的价格有本质区别。

晓添才：

博弈论和经济学是“文章本天成，妙手偶得之”呢？还是自从提出了博弈论和经济学后，人们的博弈变得越来越高端呢？

万维钢：

有很多博弈的智慧的确可以说是民间一直都有。比如怎么样提供一个可信的威胁或者承诺，怎么样通过做广告之类的方法解决信息不对称的问题，包括信号筛选的各种方法，都是民间已经有人在用，甚至一直都有人在用，后来才被博弈论专家总结成理论而已。这些的确是“文章本天成，妙手偶得之”。

但是理论对实践有指导作用。这就好像围棋一样，有些招法可能是哪个棋手灵机一动就想出来了，但是如果不形成理论，你就很难看到其中的本质，也就很难学以致用，乃至举一反三。

更重要的是，形成抽象理论有利于做更细致的推导，达到更高的水平。比如混合策略中的最小最大值定理，虽然最初的灵感起源于打牌，但经过冯·诺依曼的手之后，它已经远远超越了民间智慧。

冯·诺依曼写了一本书叫《博弈论与经济行为》(*Theory of Games and Economic Behavior*)，是博弈论的开山之作。一开始出版社把这本书宣传成扑克指南，但是当时的人发现书中的方法非常数学化，根本用不上。可以说最小最大值定理超越了那个时代。

但是，今天的职业扑克选手们，恰恰就在使用冯·诺依曼发明的方法。

小腻:

一轮一轮的套路（经过设计，发出信号，尤其是虚假信号）与反套路已经被总结成经验广泛传播。这种“设计套路→破解套路→再设计套路→再反套路”的循环，一般来说在现实世界里会存在几次？一些长久存在的简单骗术依旧好用，解密和教育收效甚微，这究竟是人性的弱点，还是道德的沦丧？

万维钢：

也不能说“收效甚微”。你看越是落后国家和地区才越是假货和骗术横行，发达地区的市场是相当规范的。人们在陌生的环境中有可能犯愚蠢的错误，被骗子抓住弱点。如果大家都是“老司机”，真诚才是最好的办法。

我们觉得今天骗子多，其实中国现在已经比过去强多了。过去中国流行过各种无比神奇的东西，比如“蚁力神”，现在看简直是笑话。很多年轻人以为20世纪80年代的中国人比较单纯，但事实上20世纪80年代的产品质量和社会治安比现在差得多，有各种匪夷所思的案件。今天的骗术比过去可以说文明多了。

博弈能让社会变得更好。

博弈设计者

中国有句话叫“劳心者治人，劳力者治于人”。如果这是曾经的社会现实，我认为这样的社会不但残酷，而且不合理。我们学习博弈论最基本的底线就是不能“治于人”——要做一个独立自主的player，识别各种博弈局面，自己决定如何应对，我们拒绝被人安排。

当然我们也不想“治人”，人不能压迫人，player跟player之间是平等的关系。不过学习博弈论的确有一个比做player更高级的视角，那就是作为规则的制定者，给人设计博弈局面。

一般人遵守规则，少数人违反规则，有的人制定规则。设计一个博弈，比参加一个博弈要难得多，这是管理者的学问。绝大多数博弈局面是自然形成的，有的是社会千锤百炼的结果。你要自己设计一个，就得非常非常小心才行。

我们先从简单的说起。

1 薪酬的结构

有些人认为凡是存在的社会现象就都是合理的，我认为不是这样。

比如个人要卖房子，通常要找一个房产经纪人帮忙。一般约定的经纪人佣金大约是房产成交价的1.5%。这听起来是一个很好的正向激励，经纪人肯定会想方设法把房子打扮得漂漂亮亮，给房子做广告，热情地向买方推销。他希望客户的房子卖得越贵越好，这样他自己的收入也高，对吧？

房产经纪人有时候也卖自己家的房子。经济学家通过美国的数据分析发现，经纪人卖的如果是自己家的房子，相比于卖别人的房子，他会让这套房子在市场上平均多待 10 天。[1] 他卖自己家房子会有更多的耐心等待一个更好的价格，而卖别人的房子则很快就出手。这是什么道理呢？难道他不是也希望把客户的房子卖个高价吗？

这就是激励机制的问题。比如客户的房子按行情能卖 100 万元，如果多等几天，说不定能卖出 102 万元。这 2 万元对客户来说是一笔不错的收入，客户肯定愿意等。可是对经纪人来说，多卖 2 万元，他只多赚 300 元。经纪人没必要为了 300 元再多花好几天的精力。他希望赶紧了结这单业务，好再去做别的业务。

客户在乎的是能比一般行情多卖出多少钱，经纪人在乎的是赶紧做成这一单。100 万元是客户应得的，他最在意的是能不能多卖 2 万元——而那恰恰是经纪人最不在意的部分。两者的聚焦点不在同一个地方。所以博弈论专家主张设计一个更合理的经纪人薪酬规则，一个阶跃式的薪酬。

比如可以规定，在成交价的头 100 万元，经纪人可以拿到 1.5% 的薪酬，也就是 1.5 万元；超过 100 万元的部分，经纪人可以拿到 15% 的薪酬——多卖 2 万元，经纪人可以多得 3 千元。这样一来，经纪人就有充分的干劲把客户的房子卖到一个更高的价格。

“基本收入 + 销售分成”的模式是一种很常见的薪酬设计。没有基本收入，员工就没有安全感；而如果员工的努力能直接反映在公司的利润上，分成就是很好的激励。电影明星的薪酬结构也是这样的，是“固定片酬 + 影片票房分成”。如果明星觉得这部电影不会有多大的反响，他会要一个很高的固定片酬——不选我无所谓，选我我就当是为了赚钱；如果明星认为这部电影很好，他会要一个比较低的固定片酬以利于自己入选，然后等着拿分成。起作用的分成，一定得让双方都在意才行。

但目前为止，多数房产经纪人的分成方案通常仍然是固定的 1.5%。为什么不改进呢？也许是因为不值得为个房子像电影明星那样谈判，也许是因为不懂博弈论。

② 拍卖故事

设计博弈规则有时候很不容易，拍卖也是如此。

最简单的拍卖就像我们在电视中看到的那样，拍卖师喊价，不停地有人举牌，最后出价最高的人获得拍卖品。这是英式拍卖。英式拍卖的特点是明标，竞拍者出的价格所有人都能看到，大家互相确认，更容易认可高价。

很容易看出拍卖对竞拍者来说是个囚徒困境：就算所有人都不积极竞价，最后也是这些人中的某几个拿走这几件东西，所以竞拍者会互相串通压价。而要避免串通，似乎应该让竞拍者看不到各自的出价。可如果进行暗标，竞拍者有时候不知道这个东西到底应该值多少钱，出价就会偏保守，不愿意贸然出高价。

1961 年，经济学家威廉·维克里（William Vickery）提出了一种既可以让竞拍者放心大胆地出价，又防止竞拍者相互串通的竞拍方法，这种方法现在被称为“维克里拍卖”（Vickrey auction），也叫“次价密封投标拍卖”（second-price sealed-bid auction）。这个拍卖方法是暗标，每个竞拍者只出价一次，把价格写在纸上放进信封里不让别人看到，出价最高的人中标。但是，他最后付的不是出自己竞标的价格，而是第二名竞标的报价。

这看起来有点反直觉，但正因为这样，竞标者才可以放心大胆地报出自己所能出的最高价，而不用担心因为不懂行情而吃亏。维克里靠对拍卖的研究获得了 1996 年的诺贝尔经济学奖。现在在 eBay（易贝）之类的网站拍卖物品，可以选择让机器人代拍，这个方法本质上就是维克里拍卖。

既然维克里拍卖这么好，那将所有的拍卖都改成维克里拍卖不就行了吗？

真实的博弈远没有这么简单。1990 年，新西兰政府拍卖电信运营牌照，就用了维克里拍卖法，结果成交价格差强人意，还落下一身埋怨。[2] 公众不理解博弈论，认为电信公司明明已经愿意出更高的价格，政府为什么只收一个次高的价格呢？

2000 年英国政府对 3G 电信牌照的拍卖，可以说是史上最成功的一次拍卖。这次博弈论专家进行了精心的布置。

首先，本来政府只想拍卖四块电信牌照，但是博弈论专家的第一个提议就是能不能增加一块，总共拍卖五块牌照。这是因为英国正好有四大电信公司，如果拍四块，人们就会认为牌照必然是这四家公司拿到，别的公司就不会参与，就没有竞争了。

多提供一块牌照，反而能促进竞争。英国政府果然挤出了第五块牌照，最后除四大电信公司之外，又有九家公司也来参与竞拍。

其次，这次拍卖使用了“日本式”的拍卖方法。这个方法是明标，但竞拍者不喊价，只能被动接受拍卖者的一轮比一轮高的报价。规则规定，只要是留在拍卖会场里的竞拍者，就必须接受当前的报价——如果你退场，就再也不能回来。

这样做的好处是让竞拍者不但无法串通，而且会自动互相鼓励。只要看到场内还有别的公司在，就知道当前价格是被人认可的。既然别的公司花这个价格买牌照能赚钱，我为什么不能呢？

最后，组织者还事先进行了大肆宣传，让每个竞拍者充分认识到这次竞拍的价值。

拍卖一共持续了将近两个月，进行了 100 多轮提价，最后五个牌照总共卖出了 225 亿英镑，而政府最初的估计才 30 亿英镑。更好的是，拿到牌照的电信公司把 3G 服务建设得很好，因为互相竞争，英国手机用户也没有多花服务费。

所以博弈设计是真有用，但是博弈设计也有边界。

③ 理性与数学

1727 年，英国女王卡洛琳（Caroline）访问了格林尼治皇家天文台。皇家天文台设有“皇家天文学家”的职位，相当于天文学家的首席，当年担任这个职位的是爱德蒙·哈雷（Edmond Halley）——“哈雷彗星”就是以他的名字命名的。女王发现哈雷的工资不高，就说应该涨工资。

但是哈雷马上请求女王不要给他涨工资。[3] 哈雷表示，如果这个职位的工资很高，将来在这里工作的可能就不是天文学家了。不过女王还是涨了工资，而且皇家天文学家的位置也没有被不是天文学家的人抢走。

今天恐怕不会有哪个科学家会拒绝涨工资，但这个故事仍然能说明：现实中就是有很多人——比如科学家和政客——为了自己喜爱的工作，宁可拿一份不高的收入。

那应该怎样给科学家和政客设计薪酬体系呢？据我所知，博弈论目前没有很好的答案。

我了解的一些薪酬设计理论[4]，哪怕都是有名有姓的，还使用了数学知识，也都有一些并不怎么靠谱的假定——

第一，人们工作只是为了钱。

第二，只要监管不到，这个人肯定就会偷懒，甚至会腐败。

基于这两点，为了防止工人偷懒，雇主就必须用更高的工资去收买他。只有这份工作的工资足够高，他才会担心偷懒被抓住，才会为了保住工作而不偷懒。要给多高的工资呢？雇主需要考虑社会基本收入水平和工人偷懒被抓住的概率——越容易偷懒的岗位，工资就要越高。

官员高薪养廉也是这个道理。有人推导过一个非常复杂的高薪养廉公式，说官员工资应该由社会基本收入、贪腐被发现的可能性、对贪腐的惩罚力度和官员权力的大小决定。

我看到这些一本正经的理论，就想起维克里得了诺贝尔奖的拍卖法。拍卖规则那么简单那么直观，实际应用都有可能出问题，高薪养廉公式对真实世界做了那么多近似，它还可能有实际应用价值吗？

把博弈论用于制度设计，我认为通常有两个默认的前提。一个是激励必须是基于可见的表现，比如这个人卖了多少东西、这个人写了几篇论文，不可见就没法操作；另一个是参与各方是为了一个单一的目标进行博弈的。

但现实生活并不总是这样。科学家和政客并不仅仅是为了工资而工作。他们也想要工资，但是对他们来说，荣誉、地位和权力比工资更值得追求，这是没法量化的。人是理性的，但理性不等于一门心思挣钱。

以前凯恩斯有过这样的感慨，他认为经济学家不能总做事后诸葛亮，只知道解释世界——而应该像牙医一样开个诊所，谁有问题就帮他设计一个解决方案。

怎么才能设计一个完美的制度，让官员不腐败，让科学家不偷懒呢？目前来说，博弈论可能还没成熟到能开这种诊所的程度。

问答

Ada 邹：

“比如你的房子按行情能卖 100 万元”这里有个假定前提，就是我的这个房子的行情价是个共识，这里有信息不对称问题，还有信任问题，房产买卖交易属于低频高消费，像 58 同城、乐有家的二手房交易信息是否降低了信息不对称呢？

万维钢：

是的，买卖各方对房子的基本行情有一个共识。对个人来说，房产的确是低频交易，但是对整个市场来说是比较高频的。

国内的情况我不太了解，按美国来说，几个比较大的网站，比如Zillow和Redfin，对几乎所有的房子——不管是在市场上的还是根本就没打算卖的——都有明确的估价。你打开网站，输入一个地址，它就能告诉你这个房子值多少钱，而且最终成交价不会跟这个相差很多。首先，网站掌握房子的基本信息，比如面积、几个房间几个卫生间、建造的时间等。其次，网站会根据附近房子最近交易的价格随时调整估价，整个是个大数据游戏。也就是说，房子的基本信息和所在地点当前的平均行情，就已经在很大程度上决定了这个房子的价格。至于装修水平，什么地板什么厨具，那些不影响大局，甚至可以说连讨价还价的筹码都算不上，只是可以让房子看上去更有吸引力。

汽车的交易也是这样。根据车的型号和年

头、基本的新旧程度，KBB之类的网站会给一个建议价格。

这些“指导价”是各方讨价还价的起点，也可以说是博弈的聚焦点。那些网站等于成了交易市场的基础设施。像房产交易网站，本身就提供中介服务，算是一个大的player，它的指导价对市场有巨大影响，它也会努力让自己的估计更符合真实情况。

而且这里面可能还有一个自证预言效应，网站指导价预测越准，它作为聚焦点的说服力就越强——而它的说服力越强，预测也会越准。

讲到这里，我想到了关于现行中介提成制度的一个解释。因为现在这些网站的力量越来越强，信息越来越透明，中介讨价还价的能力很可能正在减弱。以美国为例，本来的规定是买卖双方的中介各自可以获得成交价的3%。但是现在所有中介都会给客户一个折扣，通常是一半，所以中介只拿1.5%——这其实就已经说明中介有点过剩了。如果中介并没有多少讲价的能力，那他提供的主要服务就是领着客户看房、帮客户办手续这些常规的操作，那么拿一个固定的分成比例也就是可以理解的了。

冥冥之中有定数

这一篇文章我们要介绍一个比做参与者和设计者更高级的博弈论视角，上帝视角。

博弈论的出发点是自由。一个人首先要是一个自由的player，能够独立自主地选择博弈策略，才谈得上使用博弈论。但博弈论的结局通常是不自由，一个理性的人的策略总是纳什均衡中的一个——如果纳什均衡只有一个，就只有这一个选择。

所幸纳什均衡常常并不只有一个，而且我们会参加各种不同的博弈。生活中有各种各样的人，有的人善良有的人邪恶，有的人谨慎有的人爱冒险，有的人重感情有的人重物质，他们的策略选择都有道理。正因为如此，社会才是多样的。

但是，即便纳什均衡并不只有一个，冥冥之中仍然存在着一些规律，在限制我们选择策略的自由。这些规律决定了社会的演化。

我们从一个求偶故事开始说起。

1 三种求偶策略

美国和墨西哥的沙漠里有一种蜥蜴叫做侧斑鬣蜥。它们大概有十几厘米长，雌性的样子都差不多，而雄性根据喉咙区域不同的颜色——橙色、蓝色和黄色分为三种。这种动物最有意思的一点在于，我们可以根据一个雄性的外表精确判断他的求偶策略[1]——是居家好男人还是花花公子，看喉咙颜色就知道。

橙喉的体型比较大，力量比较强，它的求偶策略是一夫多妻。它会占领一大片领地，并把领地内所有雌性收为后宫。蓝喉的特点是专一，它只有一个妻子。而且它总是守着自己的妻子，不容挑战。黄喉的长相有点雌性化，它的策略是偷情。它没有固定的伴侣，专门和其他侧斑鬣蜥的妻子发生婚外性行为，偷偷留下后代。

雄侧斑鬣蜥的长相和交配策略都是由遗传决定的。雌鬣蜥选择和哪种雄鬣蜥交配，就等于选择了自己的后代。那么，你认为哪种雄性最有遗传优势呢？

答案是这三种求偶策略是互相克制的关系。

首先橙喉克制蓝喉。蓝喉的问题是太过保守，只守着一个妻子和一亩三分地，等于把大量的资源拱手让给了橙喉。

但是黄喉克制橙喉。橙喉的后宫太大，根本看管不过来，这就给了黄喉可乘之机。黄喉会和橙喉后宫中的雌性偷情，用橙喉的资源传播自己的基因。

而蓝喉又克制黄喉。蓝喉采用的是防守型打法，而且蓝喉之间还会形成联盟，它们把自己的妻子看得很好，让黄喉完全占不了便宜。多一个蓝喉找到妻子，黄喉就少一个机会。

橙喉、蓝喉、黄喉三种侧斑鬣蜥，等价于石头、剪刀、布。像这样的博弈局面，应该是混合策略的纳什均衡，参与者应该随机选择做哪种鬣蜥。

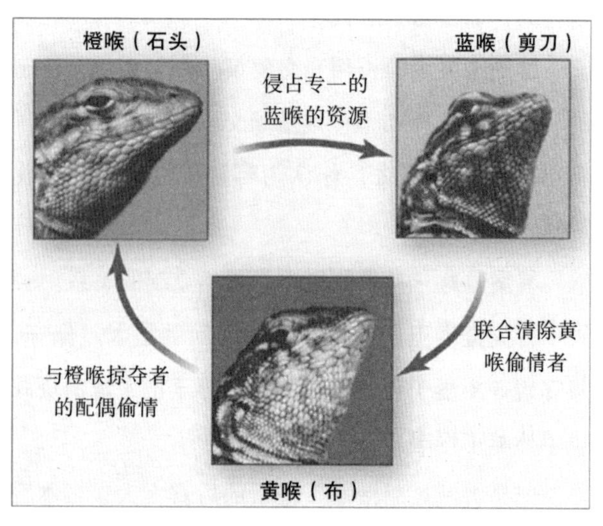

图 8[2]

不过蜥蜴没有选择的自由，一出生就无法改变了。生物学家发现，三种雄性蜥蜴在族群中的分布比例是循环演进的。

如果橙喉占多数，因为黄喉会和它们的妻子们偷情，下一代中就将是黄喉占多数。黄喉占多数的时候，蓝喉就有了竞争配偶的优势，那么接下来一代中蓝喉就会占多数。蓝喉一多，橙喉的优势又出现了。雄性蜥蜴的主导类型总是按照“橙喉—黄喉—蓝喉……”这个顺序循环。

蜥蜴的故事发人深省。按现代人的道德标准来说，我们肯定会同情对爱情专一的蓝喉。可是对蜥蜴来说，那只是一个求偶策略而已。石头剪子布，你说哪个好哪个不好？

更深一层的道理是，策略的优劣不是永恒的。你必须考虑当前社会的博弈格局，特别是其他人都在使用什么策略，才知道自己的最佳策略是什么。

从上帝视角来看，策略可以演化。

2 策略的演化

就好像生物演化是基因的竞争，文化演化是“模因”（Meme）[3] 的竞争一样，博弈的演化，是策略的竞争。如果使用一个策略能带来好的报偿，人们就会模仿这个策略，这个策略就会流行开来。“演化博弈论”就是专门研究策略的流行规律的学问。

一个最简单的例子是左撇子和右撇子的博弈。如果社会上大部分人都惯用右手，家长的最佳选择就是让自己的孩子也尽量用右手——不然大家围着圆桌吃饭，左手拿筷子就容易跟身边的人冲突。在这个博弈中应该选择跟多数人一致的策略。

事实上，哪怕在某一时刻，社会上左撇子和右撇子的人数正好一样多，这个平衡也是不稳定的——只要一方的人数稍微多一点，其他人的最佳选择就应该跟着改变。这不是盲从，而仅仅是因为这么做有好处。

但是到底要在什么比例下随大溜，甚至要不要随大溜，都取决于具体的博弈格局。

比如一个简化版的人类求偶故事。[4] 假设世界上只有两种婚姻观：一种结婚纯粹是为了感情，另一种纯粹是为了物质。一个物质型男和一个物质型女结婚，两人有共同语言，我们假设他们从婚姻中获得的报偿都是1。感情型男和感情型女在一起理应享受更好的婚姻生活，我们假设他们的报偿高一点，都是2。但是如果夫妻双方一个是物质型一个是感情型，这个婚姻就毫无乐趣可言了，假设他们的报偿都是0。我们再进一步假设结婚配对是随机的。

在这样的情况下，应该选择做物质型的还是感情型的人呢？

这其实是一道数学题，答案和当前社会上不同类型的人的人数比例有关系。假设物质型的人占比是p，那么感情型的人占比就是1-p。

如果一个物质型的人随机配对结婚，他预期报偿的数据期望值应该是 $p \times 1+(1-p) \times 0$，感情型的人的预期报偿则是 $p \times 0+(1-p) \times 2$。如果 $p > 2/3$，物质型的人报偿会更高，这时就应该选择做物质型的人；如果 $p < 2/3$，就应该选择做感情型的人。

蜥蜴求偶博弈是个真实的故事，人比蜥蜴复杂得多，我们这里只能考虑一个非常理想化的模型，而且还用了一点数学知识，由此得出的这个道理是非常直观的——

如果社会上大部分人都是物质型，你就更可能跟物质型的人结婚，所以你最好也做一个物质型的人。反过来说，如果社会上有很多感情型的人，那你也应该做感情型的人。什么是“大部分”呢？我们假设的模型给的标准是在人群中占比分界线为2/3比1/3。这个数值是博弈的报偿决定的。

你可能会有疑问：不对啊，在现实生活中虽然大部分人都惯用右手，可也有很多左撇子顽强地存在。哪怕周围人都很物质，也有很多注重感情的人拥有很好的婚姻生活。确实如此。这是因为在现实生活中做个左撇子，虽然会在社交中有一些不便，但也不至于影响生存和生育；现实生活中的婚姻配对不是随机的，感情型会尽量找感情型的人结婚。我们在上文论述的，仅仅是数学模型。

但即便是这么简单的数学模型，也能解释一些社会现象。我们的社会中的的确确就是绝大多数人是右撇子，人们的的确确会根据周围人的策略类型选择自己的策略——社会“风气”，是有规律可循的。

③ 鹰鸽博弈

再说一个社会现象。职场中的人，按照随和性，大约可以分成两种。第一种人容易听从别人的意见，不喜欢跟人发生冲突，处处忍让，别人总可以想出办法说服他，我们称之为“鸽派”。第二种人总是想让别人听从他的意见，不怕冲突，处处跟人针锋相对，别人越让他往东他越往西，我们称之为“鹰派”。

可想而知，鹰派和鸽派相处，总是鹰派占便宜。既然如此，这个世界上为什么还有那么多鸽派呢？

这是因为鸽派的策略也有合理之处。我们来分析一个叫做“鹰鸽博弈”的模型。鹰派对鸽派，鹰派占便宜，我们假定鹰派得到的报偿是1；但鸽派本来就愿意跟人合作，所以也不算吃亏，鸽派得到的报偿是0。两个鹰派在一起互不相让、两败俱伤，我们假定报偿都是-1。两个鸽派在一起相处融洽，我们假定报偿都是0.5。

还是假设鹰鸽随机配对相处。那么在这个局面中，应该做鹰派，还是鸽派呢？

这也是一道数学题，需要计算各自的报偿的数学期望。如果总人口中鹰派的比例是 p，鸽派的比例就是 1-p。鹰派的预期收益是 -1 × p+1 ×（1-p），鸽派的预期收益是 0.5 ×（1-p）。[5] 容易算得，如果现在鹰派占人口的比例少于 1/3，做鹰派更合适；如果鹰派比例大于 1/3，则应该做鸽派。

换句话说，在鹰鸽博弈里，你应该加入“少数派”。因为鸽派会被鹰派占便宜，鹰派的问题是没朋友。如果鹰派人数太多，鸽派就不够用了，做鹰派只会互相伤害，不如做鸽派抱团取暖。而如果大部分人都是鸽派，做鹰派就有利可图。

更有意思的是，根据这个理论模型，社会上鹰派和鸽派的人数之比将维持在一个 1∶2 的平衡。这个平衡是稳定的——哪一方的占比低于平衡，就会自动有人加入哪一方。

这个模型也非常简单，运用各种报偿的数值，计算出来的人口比例也可能不符合实际情况。但是，它的结论具有普遍意义。它为我们解答了为什么社会上总是有少数鹰派和多数鸽派，我们抓住了这个现象背后的数学机制。这就是抽象推理的力量。

更复杂的模型还能解释更精细的现象。比如如果考虑随着人口密集度增加，人们可以自由选择跟什么人相处的情况，鸽派可能会有更大的优势。而这样的模型就能解释为什么现代人相对于原始人变得更温顺了……[6]

我们年轻时候的雄心壮志变成了对社会的低头，我们感慨世风日下人心不古，我们嘱咐子女不要锋芒毕露，可我们又暗自期望他们能走一条少有人走的路。一切都仿佛是个性和现实之间的对抗，殊不知一切的背后……都是数学。

问答

卫监螺丝钉赵文杰：

一旦出现了绝大多数群体的普遍认同，其

实也就在很大程度上自我锁死了。就像《枢纽》一书中所描述的清朝晚期，其实如果当时没有西方列强这个最大的干扰因素，清朝已经寿终正寝了，也就不会有后面的所谓中兴了。纳什均衡在达成当下的稳态同时，也一定程度上出现了限制和压制的特征，难道一定要外界的突然打击才能破局吗？能不能从内部自身打破这种“稳态”？

万维钢：

很有道理。按理说，博弈各方的力量一直都在此消彼长，博弈局面应该随时都在变化。比如康熙时代和嘉庆时代的清朝看上去都是领土完整、大体上内外太平，但是人口数量和经济活力差别巨大，八旗军队战斗力不可同日而语，那为什么各族人民不马上重新博弈呢？这大约就是我们在前文《群鸦的盛宴》中说的“人质困境”，统治局面一旦建立起来就容易守住，只要枪打出头鸟就行。

所以博弈局面的确有一定的惯性，人的观

念也是一个维护力量。有时候需要一个突发事件作为导火索才能改变。外界的突然打击当然就是一个导火索，但内部也可能会出现一些时机。

隽永：

虽然理解了现在家长为什么趋之若鹜地随大溜给孩子报兴趣班或补习培训班，如果按这个策略原理，以后对孩子来说，岂不是都要随大溜上补习班了？

万维钢：

教育博弈的本质是发出一个能让自己从人群中脱颖而出的信号——脱颖而出是随大溜的反义词。

在一般人只知道高考很重要，还不知道有补习班这个刷分利器的时候，上补习班有利于脱颖而出。但如果现在大部分人都在上补习班，那我们就要重新考虑问题了。如果高考成绩是唯一可能的信号，那我们也许不得不被裹挟着上补习班，但教育制度的演进必然会开发新的录取方式。

当然奥数现在是不行了。不过我看现在大学“自主招生”是个挺不错，而且似乎还没有被玩坏的通道。如果是我的话，我会好好研究自主招生这条路怎么走，看看能不能提前做准备。

总之这个思路得有一点前瞻性的思维，最起码也得知道现在的风头浪尖是什么。想脱颖而出，就千万别随大溜。

施德兰：

我有一个有关男女比例的问题。按常识生男生女应该是随机的吧？我记得我阿姨生了八个女孩。这种分布是随机的吗？但是从整体人类来说，男女比例还是很均衡的，我看了很多报道一般都是在一百比一百零几，这是为什么？

万维钢：

因为X染色体和Y染色体的数量一样多，生男生女的受孕几率应该是一样的。有些微妙的自然或者非自然因素会影响受孕，具体的出生人口男女比例大约在1.06∶1左右，不同地区和不同时期略有差别。不论如何，我们可以就当生男生女的概率各自都是1/2。

那连续生8个孩子都是女孩的概率有多大呢？是（1/2）的8次方，也就是0.00390625，差不多是千分之四。也就是说，每一千个生8个孩子的女性之中，就有四个，生的8个孩子都是女孩。

用概率论分析极端事件得这么看——发生在一个特定的人身上，比如说千分之四，是个很低的概率；但是要说一大群人中有没有这么一个特定的人，那就是很高的概率。这就好比买彩票。具体到让你中大奖，那是极其不可能的事情——但是千千万万个买彩票的人中，有一个人中了大奖，那却是必然的事情。

再换个说法。要让我明天就经历一次极小

概率事件，那非常不可能。但是在我一生之中，我或者我周围的亲友身上发生一次极小概率事件，那是非常可能，并且几乎是必然的。

所以我们对待小概率事件的态度应该是这样的：我不相信特别具体的预测，但是如果发生了，特别是如果是听说的，我也认为完全合理。

永无休止的博弈

作为博弈论正文的最后一篇文章，我想跟你一起畅想一个博弈故事。

假设你是一个聪明又善良的青年，有一天突然继承了一个遥远王国的王位。你没受过执政需要的相关训练，但你决心挑起这副重担，做个贤明的君主。

你受到了臣民的热烈欢迎。他们告诉你，王城外是一片广博而又富饶的土地，你应该开疆拓土。于是你兴致勃勃地带着部队前去探测。

你们遇到了一队弓箭手，派人上前问话，弓箭手一听是你，竟然主动要求加入你的部队。你们在路上发现了一个宝箱，里面有1500枚金币。你的王国很需要这笔钱，但是你认为贫苦的农民更需要钱，你决定把金币全部分给农民。你的威望大涨，你带领的部队兵不血刃就占领了一座矿山和一片森林。

城里传来消息，说现在王国的建设迫切需要硫黄。你知道有一处硫黄矿，可是那里有一队祭司把守，他们拒绝臣服于你。你考虑再三，为了王国臣民的利益，不得不做出了艰难的决定。你带兵杀死了祭司，占领了硫黄矿。谋士宽慰你说，现在是战争时期，不用暴力是不行的。

城里的建设规模越来越大，有情报说邻国正在大力扩军，可能要侵略你的王国。为了尽快取得建设和招兵的资源，你不得不越来越多地诉诸暴力。你带领部队抢了两个水银矿、一个宝石矿和一个金矿。你捡到宝箱也不再分给农民了。你们攻击了一个矮人的小屋，为了4000枚金币杀死了几十个无辜的矮人！你甚至霸占了农民的风车和水车，要求他们必须每周向你纳税。

有一天半夜你醒来，忍不住问自己：我还是以前那个善良的我吗？我这么做对吗？你其实知道这么做是对的。因为现在是战争时期，为了臣民的幸福，你必须做最理性的决策。

第二天，敌人打过来了。因为战斗力不足，你的王城陷落了，你失败了。

***

我以前经常做这个噩梦……这是一个叫《魔法门之英雄无敌》的老游戏。打游戏可以陶冶情操，会让你成为更理性的人。我已经不记得第一次在游戏里杀戮是什么感觉了。打游戏的我，看到矮人的小屋不会起怜悯之心，我只会感到兴奋。甚至现在连兴奋的感觉都没有了，我只是例行公事地杀死他们，取得资源。

“游戏”和“博弈”，在英文里是同一个词，都是 game。新手容易动感情，老手都是理性的。而且只有理性还远远不够，游戏过程中你必须选择正确的策略才行。如果游戏里的对手比较弱，你还可以尝试各种各样的玩法，任意享受；游戏难度增加，你就没有太多选择了；要打最高难度，很多时候只有一种正确的打法。而如果对手跟你一样也是个人类玩家，那你就算把什么都做对了也不一定能赢。

关于决策的学问，博弈论有什么特殊之处呢？特殊在于博弈论专门研究有对手情况下的决策。

最根本的博弈思维，就是在决策时必须考虑对手对你的策略做出的反应。之后你还得考虑你怎么对他的反应做出反应，他怎么再反应……博弈论要求你要站在两个，甚至更多个立场思考问题。

对手的存在，使你不得不陷入竞争之中。

我听过一个说法。[1] 高空跳伞是一个让新手非常紧张的运动。你会很担心自己在半空中打不开降落伞，感觉这简直是玩命。但是你最多紧张三次。跳过三次之后，你就觉得这是一项平常的运动。

对比之下，比如交谊舞，是一个绝对安全的运动，但如果是参加交谊舞比赛，你也会感到很紧张。交谊舞比赛和高空跳伞运动最根本的区别在于，不管已经参加过多少次比赛，你下一次比赛还是会感到紧张。

这就是有对手和没有对手的区别。你能想到的对手也能想到，你会做的对手也会做，那你怎么办？

***

“纳什均衡”是博弈论里最重要的思想，也是祛除妄念的清醒剂。纳什均衡的意思是说如果博弈各方都是足够聪明的人，大家最终的策略选择一定是这样一个局面：在这个局面里大家都认命了，谁也无法单方面改变策略去谋求一个对自己更好的结局。

纳什均衡是谋略计算的终点。前文介绍了好几种典型的博弈局面，你应该像学习成语典故和围棋定式一样记住它们、识别它们，并且举一反三地应用它们。

如果各方有强烈的合作意愿，而博弈有不止一个纳什均衡，那我们就需要一个聚焦点。

如果合作对所有人都有好处，但背叛对背叛者有直接的好处，那就是囚徒困境。

为了摆脱囚徒困境，如果博弈是可重复的，我们应该寻求对背叛者进行惩罚。以牙还牙是最经典的做法，但适当的宽容更能促成合作。

在残酷世界里选择做好人表面上看是非理性的——但只要博弈有比较多、哪怕只是有限次的重复，做好人其实是有利的。

如果参加博弈的人数比较少，合作的利益比较大，各方就会形成串通和合谋，尽管这么做不一定对社会有好处。

有时候主动放弃一部分自由、让第三方监管，反而能促进自由，而监管者也应该把自己当做博弈的一方。

如果能迅速占领某种资源或者造成既成事实，那就先下手为强；如果先出手的一方守不住，那后发者反而会因为得到了关键信息和出手权而获得优势。

想要让别人按照你的意志行事，最好的办法是给他一个可信的威胁或者承诺。

有些博弈只有混合策略的纳什均衡，最高级的玩法不是欺骗对手，而是随机选择策略。

如果双方信息不对称，传达信息最好的办法是发信号，这意味着你要用行动去证明自己。

纳什均衡是博弈的结局，可是真实世界从来都没有结局——这是因为博弈局面总在变化，我们甚至可以主动改变博弈。

博弈论的最高级应用是设计博弈，比如说制定一场拍卖的规则，但这非常不容易。

而博弈论的最高视角，则是观察不同博弈策略在人群中的演化。我们看到的是，博弈永无休止。

***

博弈会把人变得更理性和更精明。

20 世纪 80 年代，中国早就恢复了高考，但是那时候并没有什么课外补习班。

20 世纪 90 年代，数学竞赛已经是中国中小学的常规赛事，竞赛成绩好已经可以给大学加分甚至直接保送大学，但是那时候的奥数训练都是针对尖子生的免费项目，并没有全民学奥数。

难道当时的人不知道上大学很重要吗？知道。但是从知道一个博弈，到参加一个博弈，再到把一个博弈玩坏以至演变出新的博弈，是需要时间的。这是一个逐渐演化的水涨船高的过程。

美国对标中国高考的考试叫 SAT（学术能力评估测试）。最初 SAT 只是一个私人公司运营的小规模考试，政府从来没有规定上大学必须考 SAT。后来学生们发现 SAT 成绩是个很有力的信号，考 SAT 的人才越来越多。

逐渐地，SAT 成了申请大学必备的项目。接下来，《美国新闻与世界报道》杂志（*U.S News & World Report*）把入学 SAT 成绩当做评定大学排名的一个重要指标。

等到全民都考 SAT 的时候，有些大学又把 SAT 成绩变成不做硬性要求的“可选项”。而这样做的一个重大好处是，只有 SAT 考得好的学生才会向大学报告成绩——大学用于排名分的 SAT 指标提高了。

等到 SAT 越来越凉，人们又发明了 AP（大学先修课程）这个新信号。现在这个信号也快要被玩坏了。就好像中国禁止了奥数一样。

只要社会还需要把人才识别出来的信号，这样的博弈就会永远进行下去。但这不是一个每次都回到起点的无间道，在这个演化的过程中，每个参与者都变得更精明更理性了。

这永无休止的博弈，还能把我们变成更好的人。

***

再回到阿克塞尔罗德组织的那个博弈策略竞赛。我们知道，当个只合作不惩罚的烂好人是肯定不行的，以牙还牙的策略最终会在比赛中胜出，而宽容版的以牙还牙——也就是被别人背叛两次再报复，还有更好的合作稳定性。我们不妨把这两种以牙还牙策略称为“正义策略”。

演化博弈论的研究发现，正义策略在一个社会胜出的速度，跟重复博弈的次数非常有关系。

如果大家都是陌生人，互相之间最多只博弈一次，那背叛策略其实是最优的。但只要博弈能重复哪怕两次、三次，正义策略的优势就会越来越大，以至于所有人都学会了正义策略——到那个时候，连专门做好人的策略都能生存。

这难道不正是中国社会发展的缩影吗？

古代是“乡土中国”，绝大部分人一辈子都生活在本乡本土，周围都是亲戚朋友，大家抬头不见低头见，博弈的重复次数非常之多。演化博弈论说这样的熟人社会里正义策略应该是主流，而事实上的确如此，古代中国是礼仪之邦。

到了近代中国，人口流动起来了，人们在陌生的城市里举目无亲，就发生了很多尔虞我诈的事情。是中国人跟外国人学坏了吗？是因为政府忽视了思想道德教育吗？根本原因其实是大多数博弈变成了一次性的。

但这只是暂时的。市场经济越来越发达，人们会越来越依赖重复博弈。中国会慢慢变成一个巨大的熟人社会。不管你是一个公司还是个人，你的品牌、信誉和名声都是高度可见的，正义策略终将再次胜出。

***

韩非子有句话是“上古竞于道德，中世逐于智谋，当今争于气力”，现在我们可以这样理解这句话——

所有人都意识不到博弈的时候，可能你诗情画意都能赢。

少数人意识到博弈的时候，谁意识到博弈谁赢。

大家都意识到博弈了，那就只能比执行力——或者看谁能意识到新的博弈。

也许你有足够的前瞻思维能预期未来的博弈局面，也许你能举一反三熟练应对各种博弈局面，或者现在你至少是个敢于博弈的player。

我们的博弈论就介绍到这里，理论永远都只是理论。真正的智慧，来自永无休止的博弈。

番外篇　player 作风

博弈论我们已经讲完了，理论和技艺值得讲的都讲了，没讲的你只需随时留心学习、举一反三就好。这里我们讲一点精神层面的东西。

博弈的首要精神是做个“player”。这个词没有特别传神的对应中文，一般翻译为参与者、玩家或者运动员，我们干脆就叫 player。所谓 player，是能独立自主地参与博弈的人。player 这个身份，不太符合中国传统的身份认同。我们更熟悉的自我认同是作为整体的一部分，我们是某个学校的学生，是家庭的人、单位的人乃至国家的人。

博弈论研究的是人与人合作、竞争特别是对抗的学问，这些都不是我们日常做的事。我们日常不博弈，做的都是些循规蹈矩的事情。这就使得我们一旦面对真正的博弈，会表现得很不专业，可能有一些很土的行为。所以我想分析一下 player 的自我修养。

一个合格的 player，应该拥有四个作风——有限、务实、慎重、客观。这四个词非常简单，但是一般人根本做不到。

1 有限

你可能终生都会参加各种博弈，但每一次具体的博弈，都不是决定终生的。博弈是有限的游戏。这一局不论是赢是输，既不会影响你是谁，也不会影响你会成为谁，你还是你。

在传统的社会规范中，一说对抗就是了不得的大事，就好像造反一样，赢了就要当皇帝，输了就是谋逆的死罪。现代社会的博弈其实更像是体育比赛，场上是对手，场下还可以交朋友。这个订单你拿到了我没拿到，没关系我们不用互删微信，以后该怎么交往还怎么交往。

哪怕我们是在竞选美国总统，我强烈反对你的政治理念，但是你当选也就执政四年，我可以接受。我甚至还要打电话向你承认我竞选失败，对你表示祝贺。我甚至会在未来四年听从你这个总统的指挥。文明社会都是有限战，不是超限战。

player 身份只是我们众多身份中的一个，博弈不是人生的全部。能接受失败的人，才有资格争取胜利。

幼儿园老师教孩子玩游戏，首先应该教的不是怎么赢——而是在发现自己要输了的情况下不掀桌子，继续玩下去。三个小朋友下跳棋，其中一个掀桌子别人就没法玩了，那下次谁还愿意跟他玩呢？不但要玩下去，最好还要跟对手复盘切磋。赢了就忘乎所以，输了就哭天抢地，那是最土的行为。

参加博弈不一定非赢不可。如果对手不犯错误，纳什均衡的本质是平局。遵守规则、接受失败、尊重对手，这样的人才敢于多参加博弈，才能在每次博弈之中保全自己，才有可能成为优秀的player。

2 务实

我们中国流行文化中有个特别不好的东西，就是喜欢比“境界”。人们总爱幻想，光赢还不够，还得赢出高境界才行。

《孙子兵法》有一句话叫“百战百胜，非善之善也；不战而屈人之兵，善之善者也”——这句话本来没问题，但是因为被后世文人过度发挥，现在可以说已经成了中国文化的糟粕。历来打仗没有不靠硬军事实力的，但是就有很多文人，认为自己的三寸不烂之舌能抵得上百万大军。

博弈的最高境界不是“不博弈”。幻想不战而屈人之兵，最终以德服人，本质上是把对抗变成了文人比美。

怎么打才算美呢？靠武器好取胜肯定是不美，

东方不败是“飞花摘叶皆可伤人”，独孤求败是“草木竹石皆可为剑”。甚至最高境界还要做到“无剑”“以神驭剑”……真实世界里有哪位高手是这么比武的，梅西能不能用眼神射门呢？又或者梅西并不是天下最厉害的球员，天下最厉害的球员其实是在巴萨俱乐部扫地的一位老人？

你辛辛苦苦地正在备战，有人突然来告诉你还有一种更高的境界，这不荒唐吗？把最不可能变成可能，是很有戏剧性的幻想，但参加博弈就要尊重比赛。博弈论不是研究把不可能变成可能，而是怎么实现最可能。真实世界里的高手都需要给合作者正确的预期，哪有刻意隐瞒高手身份的？

新手常常有不切实际的幻想。曾经有很多数学家和物理学家成立了投资公司，在华尔街炒股。如果他们认为自己连理论物理都能玩转，炒股等于是降维打击，他们就会遭遇惨痛的失败。

“降维打击”是个幻想。任何成熟的领域都根本没有降维打击的机会。如果一个人以为他知道整条华尔街不知道的事情，那最大的可能是他不知道自己不知道。现在去华尔街的大多数数学和物理学博士是给别人做量化分析打工的。

3 慎重

player 是利益攸关的人。如果你的言行会牵扯到利益，你的作风就会是慎重的。

中国有句话叫“文人相轻”，在美国其实也不例外。那些公共知识分子、大学里的教授，经常互相攻击，有时候吵得很难看。中国人民的老朋友基辛格，对这种现象有个精准的评论——

“学术界的政治斗争之所以这么恶劣，恰恰是因为涉及的利益太小了。”（Academic politics are so vicious precisely because the stakes are so small.）

说白了就是文人相争都是打嘴仗而已，谁胜谁负不值得严肃对待。基辛格这句话可能是受到了美国政治学家华莱士·塞尔（Wallace Sayre）的启发，现在这个说法被总结成了“塞尔定律”[1]——

任何争论中，感情的强烈程度和所涉及利益的价值成反比。

作为 player，你不能轻易挑起争端，不能轻易表态，不能轻易透露相关信息。你要是有影响，就得注意影响。

而且你最好时刻都注意言行，平时也把谨慎做成一个范儿。以前我在大学的时候，有一次办公楼新装了无线网络，大学的一个技术员到我办公室来测试信号强度。我们闲聊了几句，他问我对学校 IT 部门有什么意见，我说："我不喜欢微软的邮件系统，能不能改成谷歌的系统？"他说："现在还不行……不要引用我的话（don't quote me），但是……我们的确有这方面的考虑。"

这是一个非常非常小的消息，他很想透露给我，但是他作为从业人员没有资格对外宣布消息，所以他特别声明，把谈话内容限定在私人范围内。我对他肃然起敬，这是一个 player。我想这么多年过去，他应该不会介意我在这里引用他的话。

4 客观

你注意到没有，中国运动员接受记者采访，几乎从来都不用“我”这个词——他们都是用“自己”这个词来指代自己。比如“今天教练的安排 ××××，上场之后自己 ××××，自己今天也比较有信心吧……”

很可能平时训练的时候教练就不用“你”来指代队员。“自己”是个特指的词，是第三人称。与“自己”相对的是对手、队友、裁判和教练，“自己”是这些 players 中的一个。这是一个跳出自我看自我的客观视角。这是把作为 player 的自我和其他自我区分开来。这是“无我”。

参加博弈，其实就是老老实实地考虑这些因素——

（1）这个博弈是什么，我想要什么。

（2）我现在有什么，我可以放弃什么。

（3）对手的情况。

然后输入相关的条件，寻求一个限制条件下的最优解，这就好像是在做一道数学题。而人们平常的思维习惯，是顺着自己的感情波动，从情感最强烈的地方开始浮想联翩，渴望这个担心那个，根本就不是分析问题。

具体问题具体分析，其实是个非常高的要求，一般人总是从自己的“人设”出发做事。比如假设有一家中国的高科技公司，因为被外国怀疑不当使用技术而受到调查，现在国际舆论对我们不利。在这种情况下，如果我们要在国外进行媒体公关，应该怎么做呢？

人的本能是从自己的视角说话：“我们是一家了不起的中国公司，我们的员工付出过艰苦的努力，我们公司现在无比强大，你们这是嫉妒……”这么想当然可以，但问题是我们想从这次公关中得到什么呢？我们想得到的是公司在国外的核心利益不受侵害，是对方的市场，是对方的认可，哪怕对方的同情都行。

正确的应对方式是考虑对方怎么想，有效的公关必须站在对方视角说话，先同步，才能领导。

善为士者不武，善战者不怒，善胜敌者不与，善用人者为之下。player，是有气质的。

注释

博弈论不是“三十六计”

[1]Martin Kihn，You Got Game Theory! *Fast Company Magazine*，February，2005.

[2] 师师，指李师师，《水浒》中御香楼的头牌，专门伺候宋徽宗。参见六神磊磊：《国师没有好东西》，载“六神磊磊读金庸”微信公众号，2016 年。

[3] 关于理性和行为经济学，这本书论述得很好：Dayid Leyine: *Is Behavioral Economics Doomed? The Ordinary versus the Extraordinary*，Open Pook Publishers，2012。

群鸦的盛宴

[1]Presh Talwalkar，*The Joy of Game Theory: An Introduction to Strategic Thinking*，Create Space Independent Publishing Platform，2014.

[2][美] 阿维纳什 ·K. 迪克西特、巴里 ·J. 奈尔伯夫：《策略思维：商界、政界及日常生活中的策略竞争》，王尔山译，中国人民大学出版社 2003 年版。

以和为贵

[1]Avinash K. Dixit，Barry J. Nalebuff，*The Art of Strategy: A Game Theorist's Guide to Success in Business and Life*，W.W. Norton & Company，2008.

不纵容，但要宽容

[1]David McAdams，*Game-Changer: Game Theory and the Art of Transforming Strategic Situations*，W. W. Norton & Company，2014.

[2]Ibid.

[3]Avinash K. Dixit，Barry J. Nalebuff，*The Art of Strategy: A Game Theorist's Guide to Success in Business and Life*，W.W. Norton & Company，2008.

装好人的好处

[1]Avinash K. Dixit，Barry J. Nalebuff，*The Art of Strategy: A Game Theorist's Guide to Success in Business and Life*，W.W. Norton & Company，2008.

[2]Max Nisen：*Scientists Tested the "Prisoner's Dilemma" on Actual Prisoners — and the Results Were*

not What You Would Expect, https://www.businessinsider.com/prisoners-dilemma-in-real-life-2013-7, July 21, 2019.

[3]Avinash K. Dixit, Barry J. Nalebuff, *The Art of Strategy: A Game Theorist's Guide to Success in Business and Life*, W.W. Norton & Company, 2008.

[4]David Levine, *Is Behavioral Economics Doomed? The Ordinary versus the Extraordinary*, Open Book Publishers, 2012.

[5] 张维迎:《博弈与社会》,北京大学出版社 2013 年版.

[6]Kreps D.et al, *Rational Cooperation in the Finitely Repeated Prisoners' Dilemma*, *Journal of Economic theory* 27, 1982.

[7] 万维钢,《做坏人的好处》,得到 App《万维钢·精英日课第二季》。

布衣竞争,权贵合谋

[1]David McAdams, *Game-Changer: Game Theory and the Art of Transforming Strategic Situations* , W. W. Norton & Company, 2014.

[2] 图片来源：https://seekingalpha.com/article/1836842-investors-best-friend。

[3]IDEX online: Polished Diamond Price Index Stable in July 2018，https://en.israelidiamond.co.il/diamond-articles/diamonds/idex-price-index-july/，Junuary 08，2019.

[4]Presh Talwalkar，*The Joy of Game Theory: An Introduction to Strategic Thinking*，Create Space Independent Publishing Platform，2014.

[5]Bruce Bueno de Mesquita，*The Predictioneer's Game: Using the Logic of Brazen Self-Interest to See and Shape the Future*，Random House，2009.

[6]David McAdams，*Game-Changer: Game Theory and the Art of Transforming Strategic Situations*，W. W. Norton & Company，2014.

有一种解放叫禁止

[1]Joe Beale，The Flying Wedge and the Big Ten，https://www.elevenwarriors.com/2011/07/the-flying-wedge-and-the-big-ten，July 6，2019.

[2]Arnold Kling，*Specialization and Trade: A*

Reintroduction to Economics，Cato Institute，2016.

[3]M. Potoski，A. Prakash，The Regulation Dilemma: Cooperation and Conflict in Environmental Governance，*Public Administration Review* 64，2004.

先下手为强

[1]“the game of chicken”在西方世界是个常用的典故。图片来源：https://vivifychangecatalyst.wordpress.com/2015/06/29/game-theory-grexit-and-chicken/。

其身不正，虽令不从

[1]有些介绍博弈论的书会用不同的名词标记可信和不可信的威胁和承诺，比如不一定可信的威胁叫“警告”，不一定可信的承诺叫“许诺”等等，我们这里就不做这种标记了。

后发优势的逻辑

[1]Roberto Serrano，Allan M. Feldman，*A Short Course in Intermediate Microeconomics with Calculus*，Cambridge University Press，2018.

[2] 关于这个道理的相关讲解很多，比如 Sean Lind，How Not to Suck at Poker: Play in Position，https://www.pokerlistings.com/strategy/how-not-to-suck-at-poker-play-in-position，May 28，2019。

[3][美] 阿维纳什·K. 迪克西特、巴里·J. 奈尔伯夫：《策略思维：商界、政界及日常生活中的策略竞争》，王尔山译，中国人民大学出版社 2003 年版。

真正的“诡道”是随机性

[1]Ignacio Palacios-Huerta，*Beautiful Game Theory: How Soccer Can Help Economics*，Princeton University Press，2014.

[2]Avinash K. Dixit，Barry J. Nalebuff，*The Art of Strategy: A Game Theorist's Guide to Success in Business and Life*，W.W. Norton & Company，2008.

[3] 卓克：《改进钥匙：你以为的“随机”都是“伪随机”》，得到 App《卓克·密码学 30 讲》。

博弈设计者

[1][美] 史蒂芬·列维特、史蒂芬·都伯纳：《魔鬼经济学：揭示隐藏在表象之下的真实世界》，刘祥亚译，

广东经济出版社 2007 年版。

[2][英] 蒂姆·哈福德：《卧底经济学》，赵恒译，中信出版社 2006 年版。

[3]Pay of the Astronomers Royal & Directors, 1675 - 1998，http://www.royalobservatorygreenwich.org/articles.php?article=940，August 30，2019.

[4] 具体的理论模型参见张维迎：《博弈与社会》，北京大学出版社 2013 年版。

冥冥之中有定数

[1]Sarah Zielinski，The Lizards That Live Rock–Paper–Scissors，https://www.smithsonianmag.com/science–nature/the–lizards–that–live–rock–paper–scissors–118219795/，October 26，2019.

[2] 图片来源：http://syntheticdaisies.blogspot.com/2014/04/。

[3]Meme 的意思是“一个想法，行为或风格从一个人到另一个人的传播过程”。这个词是在 1976 年，由理查·道金斯（Richard Dawkins）在《自私的基因》（*The Selfish Gene*）一书中所创造，将文化传承的过程类比成做生物学中的演化繁殖规则（有共同先祖、随着环境改

变进化、优胜劣汰等）。

[4] 更严格的相关理论见张维迎：《博弈与社会》，北京大学出版社 2013 年版。

[5] 同上。

[6] 万维钢：《一个驯化故事》，得到 App《万维钢·精英日课第二季》。

永无休止的博弈

[1]Po Bronson and Ashley Merryman，*Top Dog: The Science of Winning and Losing*，Twelve，2013.

番外篇 player 作风

[1]Sayre's Law，https://en.wikipedia.org/wiki/Sayre%27s_law，August 12，2019.

图书在版编目（CIP）数据
博弈论究竟是什么 / 万维钢著. --北京：新星出版社，2020.6
(2024.5 重印)
ISBN 978-7-5133-4023-6
I.①博… II.①万… III.①博弈论-通俗读物 IV.①O225-49
中国版本图书馆CIP数据核字（2020）第065355号

博弈论究竟是什么

万维钢 著

策划编辑：白丽丽 卢荟羽
责任编辑：汪 欣
营销编辑：龙立恒 longliheng@luojilab.com
封面设计：李 岩
版式设计：靳 冉

出版发行：新星出版社
出 版 人：马汝军
社 址：北京市西城区车公庄大街丙3号楼 100044
网 址：www.newstarpress.com
电 话：010-88310888
传 真：010-65270449
法律顾问：北京市岳成律师事务所

读者服务：400-0526000 service@luojilab.com
邮购地址：北京市朝阳区华贸商务楼20号楼 100025

印 刷：北京盛通印刷股份有限公司
开 本：787mm × 1092mm 1/32
印 张：8
字 数：103千字
版 次：2020年6月第一版 2024年5月第六次印刷
书 号：ISBN 978-7-5133-4023-6
定 价：49.00元